NEW TECHNOLOGY THAT CHILDREN CAN UNDERSTAND

孩子也能懂的新科技

人工智能

文 /〔美〕安吉 · 斯密伯特　图 /〔美〕亚历克西 · 康奈尔

译 / 王丹力

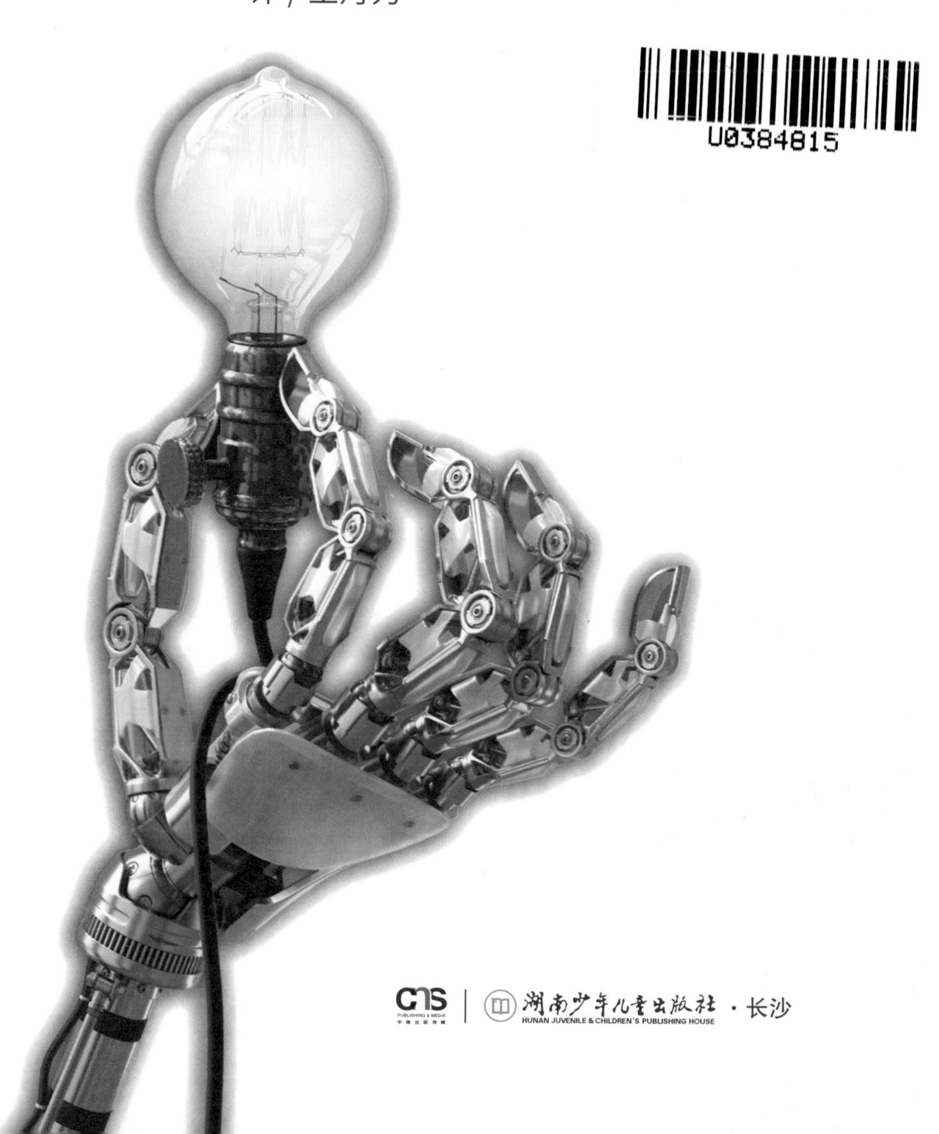

CNS PUBLISHING & MEDIA | 湖南少年儿童出版社 HUNAN JUVENILE & CHILDREN'S PUBLISHING HOUSE · 长沙

时间线

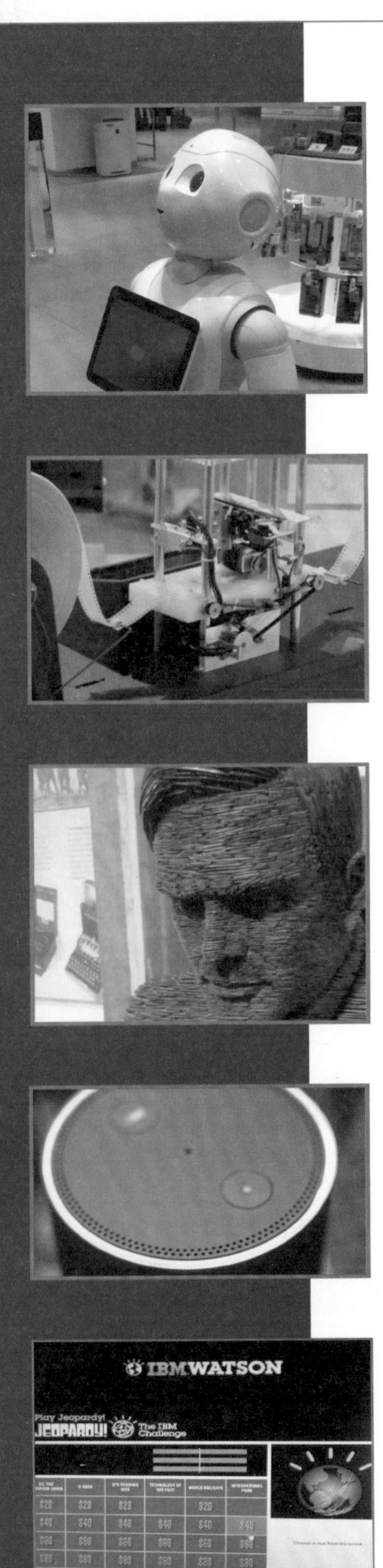

1942：艾萨克·阿西莫夫公布了机器人三定律。

1950：艾伦·图灵提出了图灵测试来确定一台机器是否智能。

1956：达特茅斯学院夏季会议上提出了“人工智能（AI）”一词。

1958：约翰·麦卡锡发明了 LISP（一种计算机程序设计语言）来编写早期的 AI 程序。

1966：约瑟夫·韦森鲍姆编写了早期的自然语言处理程序 ELIZA（伊莉莎）。

1968：电影《2001：太空漫游》上映。

1973：“AI 的寒冬”开始了，人们对 AI 的热情和投入都下降了。

1977：电影《星球大战》中出现了 AI 角色 C-3PO 和 R2-D2。

1997：深蓝（超级国际象棋电脑）击败世界象棋冠军加里·卡斯帕罗夫。

2002：推出鲁姆巴（Roomba）机器人真空吸尘器。

时间线

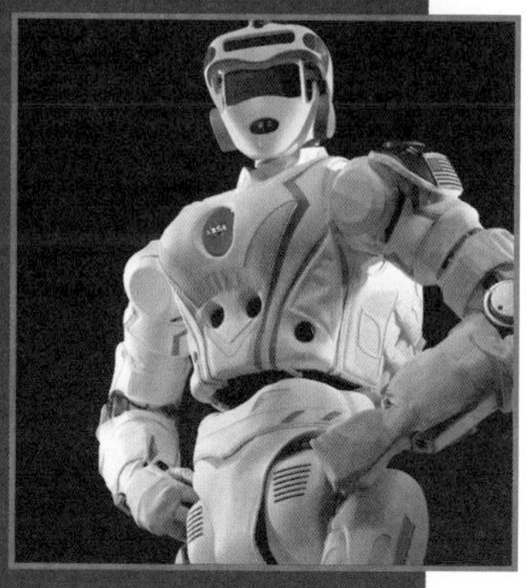

2004： 美国国防部高级研究计划局首次举办自动驾驶汽车挑战赛。

2011： 名叫沃森的 AI 在《危险边缘》（美国一档著名的电视知识竞赛节目）中获胜。

2011： Siri（一款智能语音助手）问世。

2012： 美国国防部高级研究计划局举办第一届机器人挑战赛。

2014： Alexa（一款人工智能助手）开发完成。

2014： 聊天机器人尤金·古斯特曼（Eugene Goostman）声称通过了图灵测试，但实际上并没有。

2016： AlphaGo（一款围棋人工智能程序）击败世界围棋冠军李世石。

2017： 太空机器人挑战赛开始了。

2018： 自动驾驶汽车致人死亡，人们开始质疑自动驾驶汽车是否是一个明智的想法。

目 录

什么是人工智能？

计算机会思考吗？它们能学习吗？在批判性和创造性思维方面，机器能否与人类匹敌？在过去，人工智能（Artificial Intelligence，简称 AI）只存在于科幻小说和电影中。如今，我们有自动驾驶的汽车，自己行走的机器人，以及可以帮助我们解答各种问题的计算机程序。

人工智能到底是什么？不同的人对人工智能有不同的看法，我们对它的理解也随着时间的推移发生改变。人工，自然是指人类制造的东西，比如机器。但智能不是那么容易定义的。

要知道的词

人工智能（AI）：对人的意识、思维进行模拟而生产中的智能机器。

科幻小说：讲述科学和技术极其先进的幻想世界中的故事。

人类智能：人类所具有的智力和行为能力。

特级大师：象棋协会授予棋手的官方的最高荣誉称号。

超级计算机：能执行一般电脑无法处理的大量资料与高速运算的电脑。

弃权：放弃比赛。

科学家们甚至没有对人类智能的定义达成共识。人类智能不同于动物的智能，也可能不同于计算机的智能。

人类智能的一种定义方法是人类拥有以下能力。

· 从经验中学习

· 推理和解决问题

· 记忆信息

· 适应生活

科学家们最初对 AI 的研究从一个基本的定义开始。如果计算机或者机器能做人类才能做的事情，比如赢得一场国际象棋比赛，那么它就会被认为是智能的。

你知道吗？

国际象棋比赛是棋手之间进行多轮比赛，获胜场次多的一方胜利。

根据这个定义，一台名为深蓝的计算机可以被认为是智能的，因为它在国际象棋比赛中击败了特级大师加里·卡斯帕罗夫（Garry Kasparov）。如果有人能够击败特级大师，我们会认为他智力非常高。而深蓝计算机以每秒数亿步的速度击败加里·卡斯帕罗夫，这和人类智能一样吗？

计算机不会像人类那样真正理解自己在做什么。

科学家们几十年来一直致力于开发能够思考的计算机。然而，直到 20 世纪末，他们才通过 IBM（一家 IT 公司）的超级计算机深蓝取得了重大突破。

加里·卡斯帕罗夫和年轻的突尼斯棋手下棋
图片来源：Khaled Abdelmoumen

人类 VS. 机器

1997 年，加里·卡斯帕罗夫和深蓝之间的比赛被誉为世纪国际象棋比赛，这场比赛代表着人类与人工智能的对抗。比赛第二局，人类一方的卡斯帕罗夫设下陷阱。他以卒棋诱使对手夺取他的棋子。然而 AI 一方的深蓝不仅没有上当，反而下出了和人类棋手一样绝妙的一步。卡斯帕罗夫因这一步惊呆了。

几招过后，卡斯帕罗夫揉了揉脸，叹了口气。深蓝再通过六步棋就能打败他。卡斯帕罗夫弃权并走下了舞台，AI 赢得这一局比赛的胜利。

要知道的词

故障：不能执行规定功能的状态。

合乎逻辑：遵循逻辑规律，与正常情况相符合。

处理能力：计算机系统完成工作的能力。

这场比赛改变了一切——包括国际象棋比赛和对 AI 的研究。

卡斯帕罗夫赢了这场比赛的第一局，但在接下来的对局中他没有再赢一局。深蓝赢了第二局，又在接下来的三局对局中跟卡斯帕罗夫打成平手。在第六局，深蓝十九步击败人类棋手。

深蓝赢了这场比赛。

这是计算机第一次在传统的国际象棋比赛中击败人类冠军。作为史上最优秀的棋手之一，卡斯帕罗夫从未输给其他人或计算机。

卡斯帕罗夫甚至在一年前就击败了深蓝。1996 年，深蓝对战世界冠军的第一场比赛中，卡斯帕罗夫获胜。深蓝下了不合乎逻辑的一步棋——牺牲了一枚卒棋。棋手们往往会考虑很多步，尤其是人类棋手，但深蓝这一步似乎并没有带来优势。卡斯帕罗夫本人能做到这一点，但他不认为计算机可以像人类那样“思考”。

重赛！

一些专家认为，在 1997 年的那场比赛中，如果卡斯帕罗夫没有放弃第二局比赛，他很有可能与深蓝打成平手。有人则认为，是计算机故障导致计算机随机下一步棋并使人类玩家受到影响放弃比赛。卡斯帕罗夫甚至一度认为 IBM 作弊。为什么人们很难相信计算机能在国际象棋上打败一个人?

然而，卡斯帕罗夫错了！在再次进行比赛前的一年里，IBM 公司已经将深蓝升级成一台可以在象棋残局对抗中击败有史以来最好的棋手的机器。

媒体、公众和 AI 研究人员称赞这是一个巨大的突破。但这场比赛的胜利是否意味着深蓝是智能的？

这是否意味着机器可以像人类一样思考？

研究人员仍然不确定这些问题的答案。深蓝并没有像人类一样真正地思考。它可以观察棋局并每秒钟计算出 2 亿步可能的走法。直到 1997 年，超级计算机都还没有足够的计算能力来完成这项工作，而深蓝是第一个能做到这一点的。仅仅一秒之内，深蓝就可以知道它能在六步内把那枚卒棋吃掉，或是如果步入卡斯帕罗夫的陷阱，它会输。

深蓝有足够的内存、处理能力和速度来考虑数十亿步可能的走法，随后它可以选择最有可能获胜的一步。在一秒钟内进行大量计算的能力会使计算机或机器人变得智能吗？这取决于人们如何定义 AI。

要知道的词

强人工智能：有独立意志的通用型机器智能。

弱人工智能：没有独立意志的、专注于一项任务的机器智能。

机器学习：一种 AI，它使计算机在不编程的情况下，自动从经验中学习和提高。

算法：解决数学问题或完成计算机过程的一系列步骤。

围棋：两个玩家之间的一种游戏，他们交替在棋盘上放置黑白棋子，试图比另一个玩家占据更多的领地，以棋子多者为胜。

机器人学：研究设计、制造、控制和操作机器人的学科。

语音识别：计算机识别人类语音并做出响应的能力。

自然语言处理：通过人为地对自然语言的处理，使计算机理解人类的口头和书面语言。

许多 AI 科学家认为，要想让一台计算机被认为是智能的，它完成任务的方式和它能做什么样的任务一样重要。例如，如果计算机学习下棋的方式和人类一样会如何？计算机可能会看着人们玩，然后练习，直到它掌握了游戏。这会让计算机变得智能吗？有可能，也有可能不能！研究人员没有达成一致——他们分成了两个阵营：强人工智能和弱人工智能。

强人工智能 VS. 弱人工智能

强人工智能的研究人员认为，计算机必须以人类的思考方式完成任务才能被认为是智能的。这些研究人员认为人工智能的目标是构建拥有全面的、类人智能的计算机。

而弱人工智能（有时被称为狭义人工智能）的研究人员认为 AI 是任何表现出智能行为的系统。它如何表现出这种行为并不重要。这些研究人员把 AI 的目标看成是解决问题。弱人工智能倾向于专注完成一种任务，来进行机器学习。弱人工智能也可能只是一种智能算法，这种算法是计算机解决问题时遵循的一套规则。

人工智能最近的许多突破结合了这些方法。例如，AI 可以“学习”如何在社交媒体上识别人脸，但这只是已经实际应用的 AI 能做的部分功能。另一个例子是名为 AlphaGo（阿尔法围棋）的新型超级计算机，它通过观看和玩数百万盘围棋来学习如何下围棋。

AI 研究领域

如今，AI 的研究集中在几个领域。这些领域都希望计算机或机器人能够像人一样移动、看、听和说话。你觉得 AI 需要通情达理吗？以下是科学家在探索新的人工智能设计时考虑的方向。

- 机器人学
- 计算机语音识别
- 计算机视觉
- 自然语言处理

人工智能无处不在，在许多情况下我们甚至没有意识到它的存在！超级计算机能够赢得越来越复杂的游戏，比如下围棋。我们会让 AI 私人助理，如 Alexa 或 Siri，给我们讲个笑话，发邮件，或者关灯。自动驾驶汽车遍布世界各地。机器人同样能够学习走路，使用工具，甚至爬过废石堆。社交机器人还可以与人类互动。

在幕后，AI 能够在社交媒体上识别甚至禁止不良照片。AI 能够整理医疗数据，帮助医生进行诊断。AI 甚至能够写出简单的诗词或者剧本。然而，离想象中的会思考的机器，我们还有很长的路要走。

在这本书里，你将了解到计算机是如何与世界交互的，以及它们能为改善我们的生活做些什么。我们还将思考人工智能的未来，想象 50 年后人类与机器人的关系会是什么样子。在这个进程中，你会做很多实践活动，甚至做出你自己的 AI！

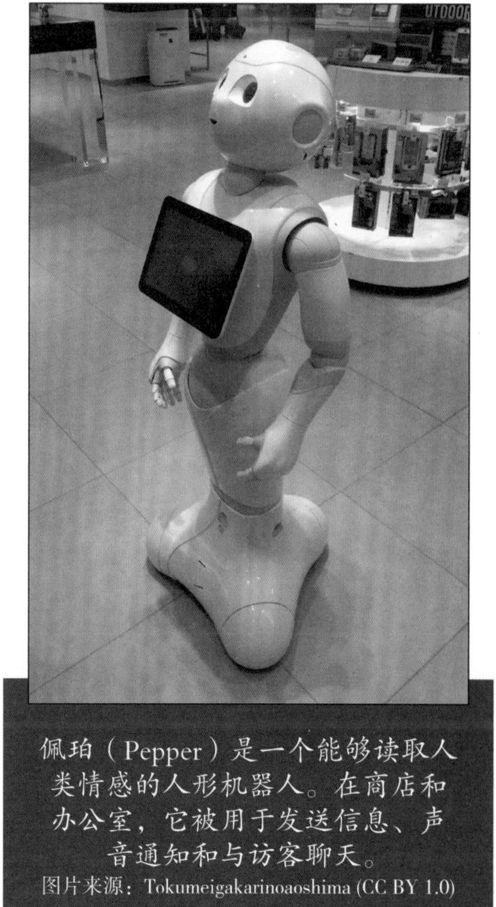

佩珀（Pepper）是一个能够读取人类情感的人形机器人。在商店和办公室，它被用于发送信息、声音通知和与访客聊天。

图片来源：Tokumeigakarinoaoshima (CC BY 1.0)

要知道的词

数据：关于某件事的事实和观测结果的记录。

原型：允许工程师测试他们想法的模型。

聊天机器人：一个能够自然与人类对话的 AI 程序。

工程设计过程

每个工程师都有一个笔记本来记录他们的想法和在工程设计过程中的步骤。当你读完这本书并做一些活动时，请准备一个笔记本记录观察结果、数据和设计，就像下图显示的一样。当做一个活动时，记住没有一成不变的答案或方法。要有创意，并获得乐趣！

问题：我们试图解决什么问题？
研究：有没有新的创意来帮助解决问题？我们能学到什么？
考虑：对设备有什么特殊要求吗？这方面的一个例子是汽车必须在一定的时间内行驶一定的距离。
头脑风暴：为你的设备画很多设计图，并列出你正在使用的方法！
原型：构建你在头脑风暴时画的设计。
测试：测试你的原型，记录你的观察结果。
评估：分析你的测试结果。需要做调整吗？需要尝试不同的模型吗？

这本书提出了一些核心问题，以指导你对人工智能的探索。当你阅读时，请记住这些问题。使用你的工程笔记本来记录你的想法和答案。

核心问题

表现得聪明和真正聪明有区别吗？

STEM* 活动

进行图灵测试

1950 年，一位名叫艾伦·图灵（Alan Turing，1912—1954）的英国计算机科学家设计了一个可以区分人和计算机的测试。你可以用**聊天机器人**试试这个测试，这是一个旨在模仿人类的计算机程序。

写下五个你认为计算机可能难以回答的问题。

选择一个人作为提问题的询问者。询问者不应该看得见人或者计算机。询问者可以在另一个房间或者在窗帘后面。

第二个人将是回答问题的人。第三个人向聊天机器人输入问题，然后写出聊天机器人的答案。

在家长的允许下，操作计算机的人上网并访问 www.cleverbot.com。在这里，你可以与一个 AI 打字聊天。

让询问者来问问题。“人”和“计算机”都写下答案，不可以大声回答让对方听到。

※ 询问者能猜出哪个是回答问题的人，哪个是聊天机器人吗？为什么？

尝试一下！

试着想出更多问题来判定哪个聊天对象是计算机。需要问更具体的问题吗？或者是询问关于情感和想法的问题？计算机用什么样的语言让你意识到它是计算机？

* STEM：是科学（Science）、技术（Technology）、工程（Engineering）和数学（Mathematics）四门学科教育的总称。

第一章

寻找哈尔：早期 AI

如今很多人的手机上都有 Siri，厨房里有 Alexa 帮助我们回答问题。AI 算法预测我们可能喜欢看的电影或可能想听的音乐。有些家庭还配备了智能家居，从开门到开暖气一切都可以用 AI 控制。

当然，早些年并不是这样的。你可以询问一位成年人，在他小时候有没有 AI！甚至在十年前，AI 几乎只出现在科技实验室里。而在 60 年前，工程师们才开始思考计算机编程在不同领域中使用的可能性，包括在商业、战争、学术和日常生活中。

核心·问题

AI 的定义在 20 世纪发生了怎样的变化？

然而，数百年前，人们已经在想，如果物体有能力与人类互动并学习新事物，会发生什么。古希腊人、罗马人和中国人都对这方面的研究产生了兴趣。

要知道的词

编程：编写计算机程序的行为。

自动机：一种机器，能像人或动物一样移动。

在计算机出现之前

虽然计算机和机器人的概念比较新颖，但几个世纪以来，人类一直在探索如何制造计算机器和自动机。

自动机是像人或动物一样移动的机器。

古希腊人制造了水力机器和其他复杂的设备。一位发明家甚至制造了一只会移动和吹口哨的机器猫头鹰。

对于大多数古老的装置，我们只能通过文字了解，但是有一个神秘的机器被保存了下来。1902 年，在希腊安提基塞拉岛海岸的一艘沉船中，人们发现了一个后来被称为安提基塞拉的机械装置。这个小装置已经有 2000 多年的历史了，但研究人员一直无法揭开它的秘密。

最终在 21 世纪，科学家们使用一种新型三维 X 光扫描它。X 光揭示了这个装置的内部。

你知道吗？

1770 年，匈牙利发明家沃尔夫冈·冯·肯佩伦（Wolfgang von Kempelen，1734—1804）制造了一台会下棋的机器人。他称之为机械土耳其人。它在欧洲引起了轰动，因为机器人似乎下出了明智的一步。然而，机械土耳其人很快就被发现是骗人的。一个人类象棋大师藏在机器里！

要知道的词

太阳系：以太阳为中心的天体系统，包括八颗行星、卫星和其他天体。

齿轮：有齿的旋转部件。

利息：为使用金钱而收取或支付的费用。

程序员：写计算机程序的人，也被称为编码员。

于是，研究人员重建了这个装置。研究人员现在清楚了这个装置是一台可以追踪太阳系周期的复杂机械计算机。

和大多数早期机器一样，它的机械装置依靠发条齿轮系统运转。

你知道吗？

第一个机器人，尤尼迈特（Unimate），发明于1950年。尤尼迈特是一个工业机械臂。1961年首次安装在通用汽车公司的工厂里，它的工作是把热的金属片堆起来。

18世纪，欧洲发明家们非常热衷于探索自动机。他们制造了外形酷似木偶，并且依靠发条装置自行移动的人形机器人。这台自动机也具有一些功能，比如写一封信，弹一首歌，或者画画。

第一台计算机

查尔斯·巴贝奇（Charles Babbage，1791—1871）是一位英国数学家，在19世纪20年代设计了第一台自动计算引擎（也叫差分机）。但他从未真正动手制造它们！

查尔斯·巴贝奇想让计算更可靠和准确。19世纪20年代，工程师、建筑工人和银行家依靠纸上的数字表来进行计算。例如，银行家会使用利息计算表来计算客户赚了多少钱。

差分机 No. 2

事实上，2002年才有了第一台完整的差分机！工程师们脚踏实地地按照查尔斯·巴贝奇的设计制造了它。它由8000个部件组成，重达5吨，长11英尺（约3.36米）！

查尔斯·巴贝奇发现这些数字表中有许多错误。所以，他决定设计一台机器来代替它进行计算。他为这个新机器设计了一些方案。1833 年，他已经完成了其中的一小部分。他举办派对来展示他的差分机。

阿达·洛芙莱斯（Ada Lovelace，1815—1852）在其中的一次聚会上与查尔斯·巴贝奇成为好友。十年后，她翻译了一篇关于差分机的法语文章，更重要的是，她添加了自己关于如何使用差分机去解决问题的步骤说明。有了这些说明，阿达·洛芙莱斯成了第一个程序员！

艾伦·图灵

艾伦·图灵是一位英国数学家，也是计算机科学的先驱，被称为“计算机科学之父”。20 世纪 30 年代，图灵发明了通用图灵机，它被认为是一台计算机的模型。二战期间，他领导英国在布莱切利园的密码破译员（多数为女性），破解了德国神秘的恩尼格玛密码。恩尼格玛是德国人在战争期间用来编码的机器。图灵和密码破译员戈登·韦尔奇曼（Gordon Welchman，1906—1985）一起发明了一种机器来破解密码。

战争结束后，图灵继续研究他的图灵机，后来发明了自动计算机（Automatic Computing Engine）。这是现代计算机的早期版本。

出现在电影《去问问爱丽丝》中的、由迈克·戴维在哈佛大学重建的图灵机

要知道的词

图灵测试：对计算机智能的测试。

直到 20 世纪 40 年代初，第一台应用计算机才被制造出来。当时，世界处于战争时期。1941 年，德国工程师康拉德·楚泽（Konrad Zuse，1910—1995）制造了 Z3 计算机。他用 Z3 计算机来进行与飞机机翼设计相关的计算。这台计算机在 1943 年的一次轰炸袭击中被摧毁。

战争的另一阵营，英国破译者在 1943 年至 1945 年间制造了名为“巨人”（Colossus）的计算机。巨人计算机被认为是第一台可编程电子计算机。它帮助破解了德国用于高阶军事通信的劳伦兹密码。

图灵和机器思维

1950 年，计算机科学家艾伦·图灵提出了一个重要的问题，这个问题引出了我们今天所熟悉的人工智能领域。机器会思考吗？如果机器可以思考，图灵想知道，我们怎么才能把会思考的机器和人类区分开来。

你知道吗？

艾伦·图灵在学生时代对形态形成——生物有机体的模式和形状的发展很感兴趣。他认为同样的生物学细胞能够通过一种化学反应的过程，发生分化、改变形状并形成特定的细胞模式。他在这方面的研究现在仍对生物发育研究有很大的影响。

这个问题让我们深入了解到什么是智能。为了回答自己的问题，图灵想出了一个测试。在图灵测试中，一个人向计算机和另一个人同时提问。询问者不能看见被测试者，询问者与被测试者之间是隔开的，通过一定的装置（比如键盘）向被测试者提出问题。

如果某台计算机在图灵测试中能够让人以为这台计算机是人，那么这台计算机就被认为是智能的。为了模仿人类，计算机必须拥有基础知识、推理能力并能讲自然语言。这是一项艰巨的任务，并且到目前为止没有一台计算机通过图灵测试。

图灵意识到制造一台能够通过图灵测试的完全智能的计算机是一项艰巨的任务。在 20 世纪 50 年代，这项技术还不存在。

图灵提出了机器儿童的想法。这是一台会成长为拥有“成人”思维的机器。图灵还提出了用国际象棋来测试计算机智能的想法。由于象棋是一种逻辑上的挑战，掌握国际象棋至少在狭义上是程序智能的标志。

不幸的是，图灵逝世时未满 42 岁，他还没来得及做更多的工作来创造和测试机器智能。尽管“人工智能”这个术语在当时并没有出现，但图灵被许多人认为是人工智能的创始人。

要知道的词

模糊逻辑：一种逻辑系统，其中的陈述比较模糊，不必完全正确或完全错误。

“人工智能”一词诞生了

1956 年夏天，“人工智能”一词首次在达特茅斯学院出现。

一位名叫约翰·麦卡锡（John McCarthy，1927—2011）的计算机科学家在邀请其他研究人员来达特茅斯学院参加会议时创造了这个术语。

麦卡锡，以及哈佛大学的研究员马文·明斯基（Marvin Minsky，1927—2016）和 IBM 公司的纳撒尼尔·罗彻斯特（Nathaniel Rochester，1919—2001），提议科学家们在那个夏天一起工作。他们研究了机器如何使用语言、形成概念、解决问题和学习。

布莱切利园中的艾伦·图灵雕像，由在威尔士开采的大约 50 万块石板制成。
图片来源：Dirk Haun (CC BY 2.0)

麦卡锡甚至设计了第一种 AI 编程语言，叫作 LISP。这种语言被用于编写许多早期的人工智能程序。

计算机玩游戏和聊天

在 20 世纪五六十年代，研究人员专注于让计算机解决数学和逻辑问题，并且“说话”。这些行为被认为是智能的。但其他行为，如散步，不被认为是智能的。

那些专注于解决实际问题的早期人工智能研究人员转向了游戏。学习和玩游戏的能力被认为是智能的。你觉得这是为什么？

计算机科学家为计算机编程，使计算机玩不同的游戏，如跳棋、井字棋和国际象棋。牛津大学的研究人员编写了一个会下国际象棋和跳棋的计算机程序。最开始，程序比较慢。

1959 年，IBM 公司的计算机先驱亚瑟·塞缪尔（Arthur Samuel，1901—1990）编写了一个跳棋程序，让计算机自己去学习玩跳棋。这是第一个自学项目，塞缪尔称之为机器学习。计算机击败了康涅狄格州跳棋冠军。

其他研究人员专注于让计算机理解和响应自然语言。但计算机只能理解机器或编程语言。

模糊逻辑

模糊逻辑是人工智能算法的一种。20 世纪 80 年代，模糊逻辑被用于照相机和防锁死刹车制动等设备的控制。以下是它的原理。计算机传统逻辑把一切都当成真或假，开或关。模糊逻辑让更先进的 AI 以程度来思考问题。例如，根据传统逻辑，当司机踩下刹车踏板时，不管司机踩下踏板的力度有多大，汽车的刹车要么关闭，要么打开。然而，根据模糊逻辑，如果司机非常轻地踩下刹车，刹车可以打开 30%。这让人工智能可以控制事情发生的程度！

要知道的词

模式匹配：检查信息是否遵循一种模式。

专家系统：模仿人类专家推理的计算机软件。

抵押贷款：借款方提供一定的抵押品作为贷款的担保，以保证贷款的到期偿还。

自然语言是人们说话或打字的内容。1966 年，麻省理工学院的计算机科学家约瑟夫·韦森鲍姆（Joseph Weizenbaum，1923—2008）编写了伊莉莎（ELIZA），这是一个可以用合理的答案回答问题的计算机程序。伊莉莎用一种模式匹配的方式来回答问题。

在模式匹配中，研究人员创建了一个由单词或短语组成的数据库，来对问题进行适当的回复。计算机程序检查一系列单词或数字是否完全匹配，然后给出一个符合这种模式的回答。例如，伊莉莎有一个叫作“医生”的程序。

使用这个程序，如果一个人说出与悲伤相关的词语或短语，伊莉莎识别这个词语或短语，搜索它的数据库然后回答：“你今天来找我是因为你觉得悲伤吗？”这听起来是个合理的回应！但其实，按照今天的标准来看，伊莉莎的模式匹配很简单。

你知道吗？

当伊莉莎第一次在很多真人中测试时，有一部分人认为伊莉莎是一个真实的人，并越来越喜欢它了。“伊莉莎效应”现在指的是人们倾向于认为计算机的回复就是人类的回复。

AI 的寒冬

在整个 20 世纪五六十年代，研究人员和公众都对会思考的机器感到兴奋。但是到了 20 世纪 70 年代，人工智能并没有达到大肆宣传的效果。

AI 研究的资金开始减少。许多研究人员意识到他们离创造真正的人工智能还很远。从 20 世纪 70 年代初到 80 年代中期的这段时间被称为“AI 的寒冬”。备受瞩目的 AI 研究工作停止了。

不过，并非所有工作都停止了。在“AI 的寒冬”，研究人员采取了不同的方式来实现 AI。许多人继续朝着强人工智能的方向努力，试图创造一台能够做许多不同工作的、真正会思考的机器。但是另外一些研究人员转向了一种自下而上的弱人工智能方法。他们对创建解决特定问题的程序感兴趣。

伊莉莎

20 世纪 60 年代，伊莉莎被设计成一个回答人们心理健康问题的“心理咨询师”。

这种弱人工智能为 20 世纪 80 年代人工智能的卷土重来埋下了种子。

AI 的春天

到了 20 世纪 80 年代中期，AI 又开始蓬勃发展。这一次，研究人员更注重解决具体问题，而不是建造一台具有全方位能力的计算机。AI 在专家系统等领域卷土重来。研究人员试图捕捉人类的专业知识，并将其输入计算机系统，以创建知识库。

例如，一家银行可能使用了专家系统进行抵押贷款。这个系统包含了人类银行家所知道的关于房屋贷款的所有知识。

要知道的词

神经网络：模仿人脑的计算机系统。

神经元：在大脑和身体其他部位之间传递信息的细胞。

在银行工作的不同的人可以利用这些知识，这使得银行家和客户更有效地找到问题的答案。

AI 也以人们根本没注意到的其他方式回归。例如，AI 可以在自动对焦相机和防锁死刹车系统的新模糊逻辑控制中被找到。当你拿起相机，相机自动聚焦在你朋友的脸上，这就是 AI！后来，在 20 世纪 90 年代，AI 面临其他挑战，例如如何在互联网上搜索信息。

机器学习和神经网络

20 世纪 90 年代，AI 在两个相关领域——机器学习和神经网络中取得了重大突破。这两个领域的研究都源于 20 世纪 50 年代。

还记得艾伦·图灵吗？早在 20 世纪中叶，图灵就梦想着一台可以像儿童一样学习的有思维能力的机器。

儿年后，亚瑟·塞缪尔教计算机玩跳棋，这是机器学习的另一个例子。塞缪尔甚至创造了“机器学习”这个术语。但直到 40 年后，这一领域才取得重大进展。

你知道吗？

机器每做到一个需要人类智慧的工作，我们就不再认为它是人工智能，这就是所谓的 AI 效应。例如，语音识别曾经被认为是 AI 的一个重要组成部分。但今天，它似乎很普遍，并且我们不认为它是真正的 AI。

机器学习是计算机
学习（或者说自学）任务的过程。

在 20 世纪 90 年代，计算机科学家决定，与其向计算机提供人类知识并告诉它们如何运用这些知识，不如简单地给计算机大量数据，让计算机学会对这些信息做出决策。科学家设计了程序，这种程序能让计算机分析数据并从结果中得出结论。计算机会学习了。

互联网使这种机器学习成为可能。1989 年万维网被发明后，互联网蓬勃发展。随着它的发展，越来越多的数据被存储在网上。AI 研究人员意识到他们可以教计算机学习，然后将数据输入到计算机中。

机器学习实际上是一系列赋予计算机学习能力的算法。算法查看数据，然后根据这些信息做出预测和决策。你有没有想过像网飞（Netflix）和亚马逊（Amazon）这样的网站是如何给你推荐电影的？

机器学习算法可能会对你以前选择的电影进行排序，
注意到你喜欢科幻电影，然后向你推荐一部新的科幻电影。

计算机是如何做到这一点的？它是通过使用神经网络做到的。人工神经网络是一种计算机程序，其灵感来自科学家对人脑工作方式的认知。

在大脑中，神经元相互连接并发送信号。神经网络模仿这种行为。人工神经元依次排列，通常称为层。输入层接受信息并进行分析，然后把它传递给更高的隐藏层。这些层逐步处理数据，然后将其传递给输出层。

输出层是计算机根据输出信息做出预测或决定的地方。

要知道的词

深度学习：通过研究实例和表征来学习，而不是死记硬背。

让我们想象一下，为神经网络输入数百万张各种形状、大小和颜色的狗的图片。利用这些信息，神经网络学会识别狗的模式。当一张新的图片出现时，神经网络就能分辨出它是不是一只狗。AI 已经自学了识别狗！

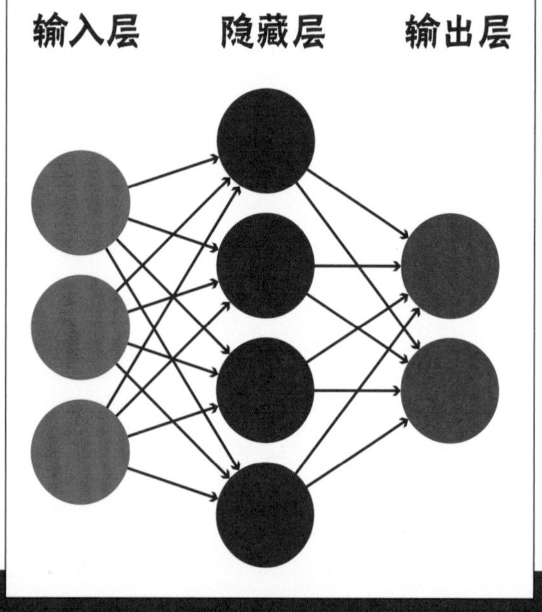

神经网络图解。如果利用这个神经网络推荐电影，输入层将是你已经看过的电影，隐藏层是计算机处理这些信息的地方，输出层是计算机认为你可能喜欢看的电影。

研究人员不确定这是否是我们大脑的工作方式，但这种方法适用于 AI。

在 21 世纪初，计算机算力的最新进展使得深度学习成为可能。因此在深度学习中，神经网络可以设计更多的隐藏层，更多的信息可以被利用和学习。

在 20 世纪 AI 短暂的历史中，AI 从虚构的思维机器转变成我们日常生活的一部分。大多数情况下，我们已经对 AI 习以为常了，以至于我们意识不到它！然而，我们还没有得到我们在电影、电视和书籍中梦想的完全智能的计算机或机器人。事实上，我们对 AI 的认知已经改变，并且适应了包括早期 AI 研究先驱从未预料到的事情。

核心·问题

AI 的定义在 20 世纪发生了怎样的变化？

纸上代码

AI 研究人员编程让计算机玩的最早的游戏之一是井字游戏。你玩过吗？这是一个具有简单规则和策略的游戏。想想你如何给计算机编程来玩井字游戏。你会如何教一个不懂游戏规则的人玩这个游戏？你如何将这些规则分解成简单的步骤？你要在纸上写一个可以让别人理解的程序。

请记住，程序（也称为代码）只是一组要遵循的指令！

➤ **在你的工程笔记本中，定义问题。**你的目标是什么？代码需要做什么？

➤ **对游戏做一些研究。**井字游戏有什么规则？（这个你大概已经知道了吧！）玩的一些策略是什么？玩一局游戏，记录下你的动作。你还注意到了什么？比如游戏总是以平局告终吗？有没有哪一步更容易取得胜利？

OXO

1952 年，英国计算机科学家亚历山大·道格拉斯（Alexander Douglas，1921—2010）开发了第一款电子游戏。这是一款名为○×○的井字游戏，或称“零与叉”。这个游戏让一个人对着计算机玩。道格拉斯在电子延迟存储自动计算器（EDSAC）上写了这个程序，EDSAC 是最早的存储程序的计算机之一。

也就是说，EDSAC 将游戏的代码保存在内存中。○×○被编程为一个完善的游戏。

第二章

早上好，Alexa：如今的 AI

Alexa，放点音乐！Siri，我怎么去咖啡店？我们中的许多人已经在客厅、手机和汽车上与 AI 交谈过。

Alexa、谷歌助手和 Siri 都是声控 AI 助手。它们可以为我们播放音乐，为我们读书，回答问题，陪我们玩游戏，帮我们导航，甚至控制智能设备，比如房间里的电视和灯。在很大程度上，我们可以用声音发出请求来做到这一点。而且大多数时候，AI 能够理解我们的意思。

但这些助手仍不是我们现今生活中最令人印象深刻的 AI！21 世纪初是 AI 的突破性时期。像 AlphaGo 和沃森这样的 AI，不仅赢得了越来越难的游戏，还改变了医学和安全等领域。AI 无处不在，甚至在我们意料之外的地方。

核心问题

AI 技术在 21 世纪是如何爆发的？

语音识别和自然语言处理

科学家是如何创造出 Alexa、Siri 等程序的？语音处理一直是 AI 研究中很难解决的问题。我们在很小的时候就开始学习如何识别和理解语言。我们可以把声音从背景音中分离出来。我们可以理解有些词在不同语境中有很多不同的意思。

我们可以找出不同的口音。我们同样可以理解词语随着音调、音色或音量而变化的含义——这意味着我们可以区分提问和陈述的差异。所有这些都很难教会 AI。计算机更容易理解书面单词。

在 20 世纪七八十年代，AI 研究人员在解决这个问题上取得的进展有限。20 世纪 90 年代取得了一些突破。例如，美国声龙公司推出了一种软件，可以将人们说的话打在屏幕上。

但是这个早期的听写软件速度很慢，不太准确。

21 世纪初，AI 研究人员将机器学习技术用于语音识别。

AI 学会了识别单词并且通过听数以百万计的单词、指令和句子来理解意思。机器学习带来了精通语音的 AI 助手，包括 Siri、Alexa 和谷歌助手。

要知道的词

AI 助手：一个能理解自然语言语音命令并为用户完成任务的程序。

音调：声音的高低。

音色：声音的特色，能表达一种感觉或情绪。

要知道的词

专利：政府授予发明者制造、使用或出售其发明的专有权利的文件。

物联网：在互联网基础上延伸和拓展的网络，将各种信息传感设备与网络结合起来而形成的一个巨大网络。

传感器：测量和记录物理属性的设备。

AI 助手

AI 助手是新近出现的技术。苹果公司在 2011 年发布了苹果手机的语音助手 Siri。谷歌公司于 2012 年开发了谷歌即时咨询（Google Now），于 2016 年开发了谷歌助手（Google Assistant）。亚马逊的 Alexa 在 2012 年登场。当时，四名亚马逊工程师申请了一项基于语音的 AI 设备专利，该设备最终成为 Alexa，即回声（Echo）和回声点（Echo Dot）等设备的语音助手。首款回声设备于 2014 年推出。

Alexa 和其他基于语音的助手都是机器学习的实例。Alexa 从工作的错误中吸取教训。每个 Alexa 都从它的客户那里收集数据，亚马逊使用这些数据来不断改进。你和 Alexa 说过话吗？你如何称呼它？

当人们向 Alexa 下达指令时，他们使用不同的短语。为了让音乐停止，他们可能会告诉它“停止”，或者“退出”，或者“取消”。他们甚至会说“等等，换成碧昂斯的歌曲”，或者“不，不要播放那个”。

Alexa 从这些语音输入中学习，它被使用得越多就越聪明。

亚马逊回声设备
图片来源：Crosa (CC BY 2.0)

然而，Alexa、Siri 和谷歌助手无法进行真正的对话。当你问它们最喜欢的音乐是什么，或者它们对一本书或一部电影的看法时，它们不会给你一个你所期待的答案，因为它们没有自己的想法。

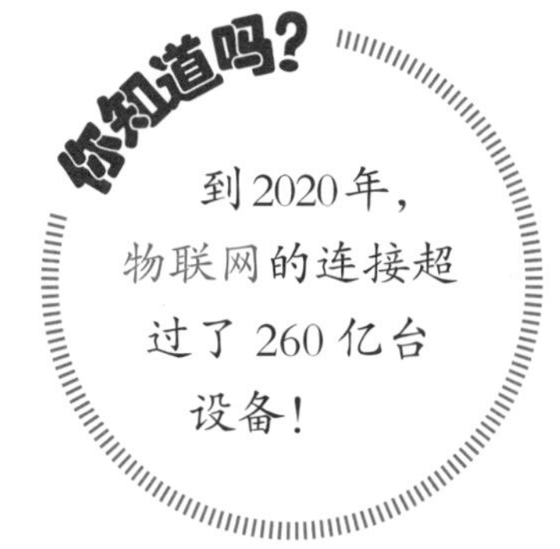

语音助手还可以与智能设备进行交互，如灯、健身设备追踪器、照相机、恒温器，甚至汽车。这些设备和其他带有传感器的物品组成了所谓的物联网。随着物联网的发展，语音助手将能够连接和控制越来越多的物品。你能想出让你的生活更轻松的方式吗？

要知道的词

业余爱好者：为了娱乐或爱好而做某件事的人。

强化学习：通过试错的方式进行学习来获得最大的长期回报。

活检：为了检查和了解疾病的更多信息而切除活性组织。

AlphaGo

2015年10月，AlphaGo击败欧洲围棋冠军樊麾。AlphaGo是深度思考（DeepMind）公司设计的AI，该公司现在是谷歌公司的一部分。

2015年，AlphaGo和范辉的比赛是计算机第一次击败职业围棋手。

第二年，AlphaGo击败了拥有18个世界冠军的李世石（Lee Sedol，1983—）。许多人认为李世石是过去十年里世界上最好的围棋选手之一。在比赛中，AlphaGo下出了几招有创意的棋法，甚至有一招挑战了数百年围棋的智慧。2016年3月，AlphaGo获得了最高的专业排名，又一个计算机第一！

各就各位，预备，开始

围棋是2500多年前中国发明的一种古老的战略游戏！规则很简单。两个玩家轮流在棋盘上放下黑白棋子。如果一种颜色的棋子被另一种颜色包围，棋子就被俘了。抓到棋盘上最多俘虏，占据最大领地的玩家获胜。虽然听起来很简单，但围棋比象棋复杂得多。在国际象棋中，有20种可能的开局。在围棋棋盘上，玩家有361种可能的开局！

你知道吗?

最新版本的围棋人工智能程序叫 AlphaGo Zero，它学会了只靠自我对抗来玩游戏！

AlphaGo 有深度神经网络。它通过观看成千上万场业余爱好者和职业围棋比赛来掌握围棋的规则。然后，它与自己进行了数百万场比赛。在每一场比赛中，它都会从错误中吸取教训并变得更好。这被称为强化学习。

幕后的 AI

强大的 AI 不仅仅只涉及游戏。许多深度学习的 AI 已经在涉及大量数据的地方帮助人们解决问题。一些 AI 程序，包括 IBM 公司的沃森和深度思考公司的 AI 程序，正在研究医学问题。

2016 年 3 月 15 日，李世石与 AlphaGo 的比赛在韩国首尔举行。

在父母的允许和帮助下，你可以在网上搜索，观看 AlphaGo 与李世石对弈的视频。

例如，在美国得克萨斯州的一家眼科医院，谷歌的人工智能正在读取眼部扫描结果。它是通过读取数百名眼部疾病患者不同阶段扫描的数据来训练的。人工智能正处于学习识别眼部疾病的早期阶段。

为什么让计算机完成一项医生学习并训练多年才能完成的任务？这家医院所有的患者在被诊断之前都需要进行眼部扫描。人工智能可以加速这一过程，让医生留出更多时间看更多的患者。

同样，深度思考公司正在与英国国家医疗服务体系合作，开发更多的 AI 工具，帮助人们获得健康和福祉。斯坦福大学开发的 AI 正在学习在活检中发现乳腺癌细胞。IBM 公司的沃森正在学习诊断疾病、推荐治疗方法和执行其他医疗任务。

要知道的词

简化：使过程更简单有效。

大数据：可以分析以揭示相关模式和趋势的非常大的数据集合。

医学不是 AI 努力探索的唯一领域。AI 正被用于阻止试图寻找和窃取个人信息的网络黑客。它也被用于简化法律检索、锁定客户、推荐股票，甚至防止犯罪等。

这是基本的，我亲爱的沃森

2004 年，一名 IBM 公司的工程师观看了肯·詹宁斯（Ken Jennings，1974—）在美国一档著名的电视知识竞赛节目《危险边缘》上的最长连胜。这个节目给了工程师一个想法。它会是 IBM 公司超级计算机深蓝的下一个挑战，深蓝已经在 20 世纪 90 年代末征服了国际象棋。七年后，现在被称为沃森的 AI，在电视上击败了肯·詹宁斯和另一个冠军。

为了获胜，沃森利用了一个包含 2 亿页事实的数据库，包括维基百科所有的数据。2014 年，IBM 公司开始为沃森编写包括医学在内的更广泛的应用程序。

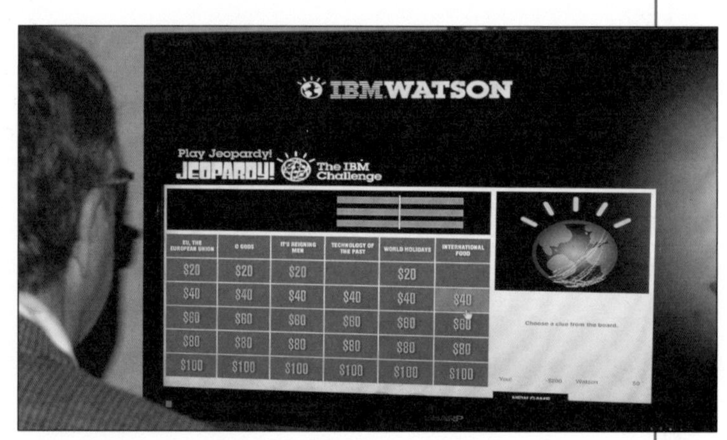

IBM 公司员工测试沃森

图片来源: Raysonho @ Open Grid Scheduler / Grid (CC BY 3.0)

许多国家的警察已经在使用 PredPol——一种预测性的警务 AI。

PredPol 从历史数据中了解一个城市或城镇的犯罪模式，然后每天向警方提供潜在犯罪热点的列表以供调查。

声音网络

麻省理工学院的研究人员训练他们的深度学习神经网络，称为声音网络（SoundNet），来识别声音。

SoundNet 学会了识别个体声音来预测场景。你可以试试其中的训练片段！

21 世纪初是人工智能令人兴奋的时期。研究人员已经破解了关键问题，如自然语言处理，以及复杂的游戏。我们现在可以和人工智能助手交谈，这让我们对智能设备的语音控制有一些了解。

研究人员也从游戏中学习。他们已经将这些算法应用于大数据——研究人员称之为互联网上存在的海量信息。

这将给医学、警务、法律和其他职业的未来带来巨大变化。

在下一章中，我们将看到这些发展对未来世界的意义。自助厨房，打击犯罪的机器人，你最想看到什么呢？

核心问题

AI 技术在 21 世纪是如何爆发的？

STEM活动

建立神经元模型

神经网络是依据人类脑细胞（神经元）建模的。神经元通过树突接收信息和处理信息，然后通过轴突将信息传递给下一个神经元。让我们制作一个神经元模型。

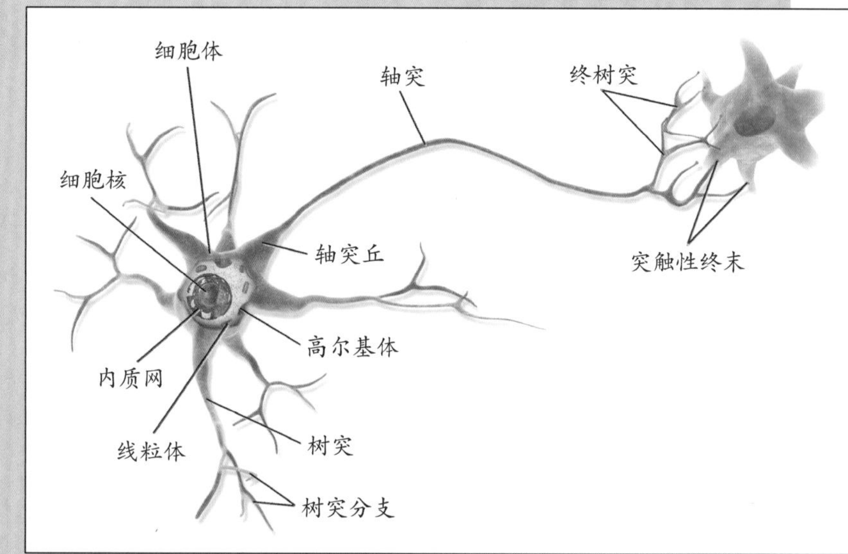

➤ **做点调查。神经元看起来像什么？**在家长的允许下，在网上和图书馆搜索关于神经元的信息。找几张神经元的照片。确保照片来自人类，或者至少是哺乳动物！

➤ **使用找到的图像作为指南，制作一个神经元模型。**给不同的部位贴上标签。从你的研究来看，你能解释一下每个部位是做什么的吗？信息是如何在神经元中传播的？

➤ 一旦你做了一个神经元模型，再添加几个来创建一个网络。

尝试一下！

给你的神经网络拍张照片，分享一下。在标题或标签中，描述信息如何在你的神经网络中传递！

要知道的词

树突：神经元的一个短的分支延伸部分，接收来自其他神经元的脉冲。

轴突：神经元的长丝状部分，向其他神经元发送信号。

神经元放电！

你大脑中的神经元使用电信号和化学信号进行交流。它们将信息从一个神经元传递到下一个神经元。神经网络也是这样，只是用数字传递信息！让我们建立一个简单的模型，说明信息是如何从眼睛中的神经元传向大脑的。

❯ **把一根吸管切成几小段。**你现在只需要三段，但如果你要扩大你的网络，你以后可能会需要更多段。当神经元放电时，这些段将发出信号。

❯ **在一张纸板上画一个大Y形。**然后在Y形每条线的末端和交叉处放置图钉。在Y形顶部标记两个图钉为A，这代表眼睛中的神经元。在Y形中间的B和底部的C上标记图钉。剪下足够长的细绳来连接这个迷你网络的每个部分。在每根绳子上穿一段吸管。

❯ **将细绳系在每个图钉上并拧紧，**这样吸管就可以很容易地在图钉之间滑动。现在你有了一个微型神经元网络！

❯ **但是它们什么时候开始放电呢？让我们制定一些规则。**A神经元只有在眼睛看到骰子上的偶数时才会发出信号。B神经元得到不止一个信号时放电。然后，当C神经元获得一个信号时，它告诉大脑："嘿，我们看到了偶数！"

❯ **掷骰子！**如果一个骰子出现偶数，将信号吸管从A滑动到B。如果两者都是偶数，则熄灭两个信号。如果B神经元收到两个信号，就熄灭另一个信号！

尝试一下！

让你的迷你网络更复杂！添加更多的字符和信号。你还可以尝试改变神经元放电的规则。这对信息流有什么影响？

感知机

1957 年，康奈尔大学的弗兰克 · 罗森布拉特（Frank Rosenblatt，1928—1971）发明了最简单的神经网络——感知机。它有若干个输入层、一个隐藏层和一个输出层。感知机是以神经元为模型的。感知机的工作方式与神经元相同，不同的是，它是数字的。

感知机接收数字（X），将它们在隐藏层（也称为处理器）中相加，应用一个函数，然后输出一个数字（Y）。函数可以是诸如“这是负数吗？”或者“这是否超过了某个值”。虽然这些都是有用的信息，但答案并不意味着智能。

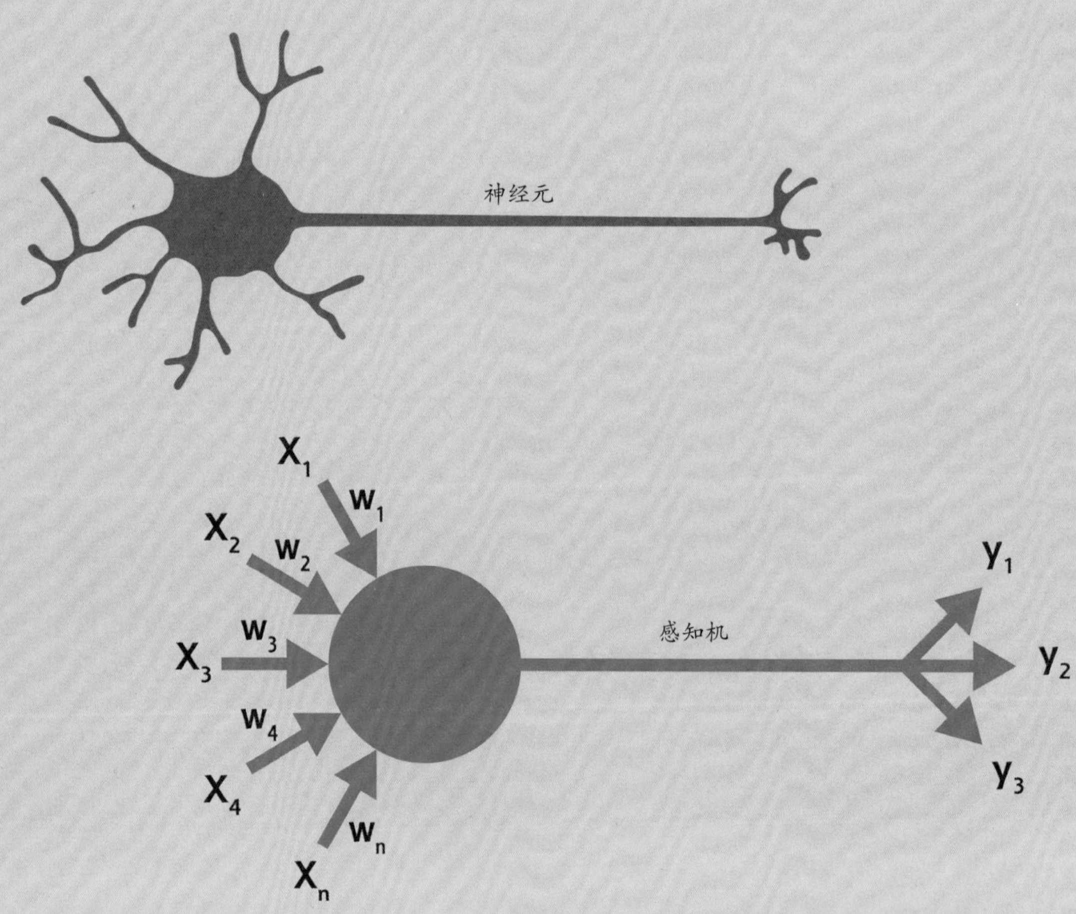

与所有神经网络一样，感知机增加了另一个步骤。每个输入都被加权，或者被赋予一个值。权重通常在 -1 和 1 之间，可以是分数。这些权重告诉处理器，一个输入可能比其他输入更有可能正确。例如，如果感知机正在学习识别猫，一个输入可能被判定有 90% 的可能性是猫，而另一个输入被判定有 40% 的可能性是猫。

现在你要算一算了！ 让我们从这些数字开始。

$X_1=12$　　　　$W_1=1$

$X_2=4$　　　　$W_2=1/2$

不要慌！ 只需输入下面的数字。在本次练习中，我们将忽略激活步骤和功能。我们将只使用两个输入。

1. 将第一个输入（X_1）乘以其权重（W_1）。
$12 \times 1 = 12$

2. 将第二个输入（X_2）乘以其权重（W_2）。
$4 \times 1/2 = 2$

3. 将步骤 1 和 2 的答案加在一起。
$12 + 2 = 14$

你算出 14 了吗？

尝试一下！

改变输入和权重的数值。权重可以是任何分数。权重如何影响输出？如果你觉得自己很大胆，你也可以尝试添加更多的输入！

STEM活动

构建神经网络

神经网络是代码中的一系列连接。你可以构建一个处理信息的网络模型。

》将三个图钉排成一列，钉在一张纸板的左侧。这是输入层。

》将四个图钉钉在纸板中间的一列。这是隐藏层。留出足够的空间，以便以后可以添加更多的图钉。

》将两个图钉钉在右侧的一列中。这是输出层。

》每个输入层图钉到每个隐藏层图钉之间连接一条细绳。每个输入层图钉应该引出四条细绳。

》将每个隐藏层图钉用细绳连接到每个输出层图钉。每个隐藏层图钉应该引出两条细绳。

》现在你有了一个简单的神经网络模型！

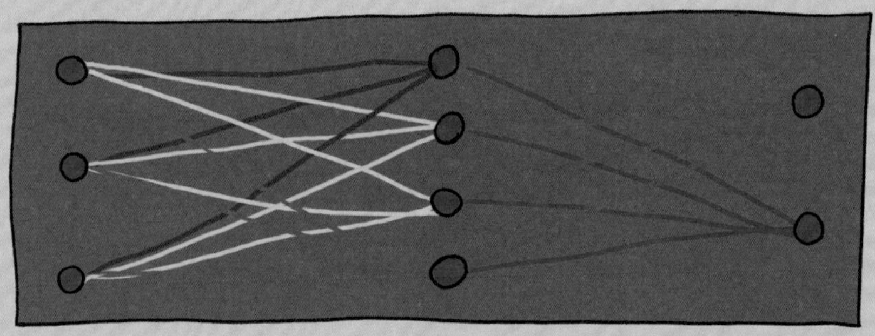

尝试一下！

接下来，试着让神经网络构架更深。你可以添加更多的隐藏层，并绑定更多的细绳。这对信息传递有什么影响？

探测模式

当神经网络被训练来识别诸如猫或数字之类的东西时，它们实际上是学习寻找模式。人类也是这样。例如，我们识别数字9，无论它是手写的、喷漆的，还是刻在石头上的——所有这些看起来都有所不同，我们的大脑都在寻找一种模式。我们看到顶部有一个圈，右边有一条直线，不用仔细思考就知道是9。计算机很难做到这一点，这就是它需要大量的训练数据来学习如何识别某些对象的原因。

➤ **你收集一些图片，并思考如何将它们分解成模式。**从相对简单的事物开始，例如停车标志或篮球。

➤ **在家长的允许下，从网上或杂志上收集一些该物体的照片。**图片可能会有很大不同。例如，有些可能是用不同语言绘制的图画，有些是黑白图片。

➤ **想想看，当你看到这个物体时，你如何知道它是什么。**你寻找什么样的模式？例如，停车标志通常是红色、八角形和写着“停下来”。列出这些模式的清单。

➤ **看每张照片，检查遇到的每种模式。**有没有不符合所有条件的照片，但你还是知道是停车标志？为什么？你有多确定呢？

例如，照片中的停止标志可能是西班牙语，你90%肯定这个词的意思是停止。

尝试一下！

现在，找一个更复杂的物体来训练。你寻找什么样的模式？

学会玩围棋

学会规则后，AlphaGo 通过看冠军下棋，并与自己对战百万局，才找到玩围棋的方法。你将要尝试同样的事情——建造你自己的围棋盘，叫作 goban。大多数初学者从 9 乘 9 的网格开始，这也正是你要做的！

在一张纸板上，画一个每条边都为 18 厘米的正方形。每隔 2 厘米上下画线，形成一个 9 乘 9 的网格。你会获得 9 个横向和 9 个纵向的方块。

用黑色的小圆圈标记网格的中心。还要标记两条线的交点。

在父母的允许和帮助下，在网站学习围棋规则。观看一些在线游戏，研究一些对局。你还可以看 AlphaGo 和 AlphaGo Zero 互相对弈。

和自己或者对手玩几局。用硬币或鹅卵石作为你的棋子。边玩边记下你所学的策略。什么管用？什么不管用？也记下你犯的错误。

设想一下！

反思自己学到了什么，怎么学到的。你将来如何避免失误？你认为 AlphaGo 和你的学习方式有什么不同？写一个关于这次经历的短文或博文。

第三章

未来的 AI

AI 的未来会怎样？你能想象有机器人朋友吗？也许科学家会开发出机器人，可以在灾难中拯救我们，并在我们年老时照顾我们。在没有司机的情况下，汽车可以带我们去我们想去的地方。

AI 可能会解决影响整个世界的日益复杂的问题，比如气候变化。或者 AI 可能会创作艺术作品！从某些方面来说，未来就在这里。研究人员已经在努力应对这些挑战。

核心·问题

AI 在未来如何改善人类生活？

要知道的词

美国国防高级研究计划局：美国国防部的一个机构，负责开发供军方使用的新兴技术。

机器人学家：研究、设计、制造机器人的科学家。

社会智能：与他人和睦相处，并让他人与自身合作的能力。

恐怖谷理论：关于人类对机器人的感觉的理论。

机器人

21 世纪见证了机器人技术的繁荣。我们离一个能走路和说话的、完全会思考的机器还有很长的路要走。然而，机器人学家在过去十年里，在机器人行走和其他运动方面取得了长足的进步。

早期的人工智能研究人员并没有真正将行走和抓握等活动视为智能活动。但是机器人学家发现，运动是一些机器人的基本特征，行走——尤其是用双脚行走——是一个非常难以攻克的挑战。

第一个机器人公民

2017 年 10 月 25 日，索菲亚（Sophia）成为沙特阿拉伯公民。这有什么不寻常的呢？她是汉森机器人公司研制的社交机器人。索菲亚是第一个（也是唯一一个）被授予公民身份的机器人。

索菲娅被设计成女演员奥黛丽·赫本（Audrey Hepburn，1929—1993）的样子，她是一个栩栩如生的社交机器人，能够表达和解释情感。

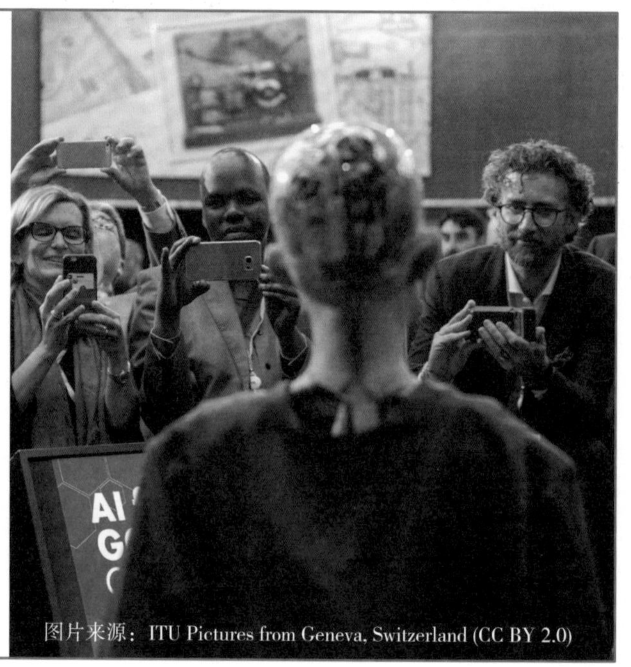

图片来源：ITU Pictures from Geneva, Switzerland (CC BY 2.0)

2011 年日本福岛核灾难后，当海啸引发连锁反应导致核事故时，美国国防高级研究计划局（DARPA）向机器人学家提出挑战，要求他们制造能够在灾区救人和工作的人形机器人。美国国防高级研究计划局是美国国防部的一个部门，负责开发供军方使用的技术。你将在第四章中了解更多关于美国国防高级研究计划局的挑战。

除了可以在紧急情况下提供帮助的机器人之外，机器人学家也在开发具有社会智能的机器人。社会智能包括解释和表达社交的能力，如表现何种面部表情，以及如何回应人类。一个社交机器人也许能够辨别一个人是生气还是悲伤。至少在某种程度上，它也能够表达情感。

当机器人与人密切配合工作时，这是一项必要的技能。
人类更喜欢与具有社交能力的机器人一起工作。

恐怖谷理论

设计社交机器人，或者说设计任何机器人的外观都很棘手。人类需要在与它互动时感到舒适。如果机器人太可爱，人们往往会把它当成玩具，不把它当回事。如果机器人看起来像人类，但又不完全像，那么机器人往往会让人觉得毛骨悚然。当机器人看起来和人类一模一样时，人类会感觉更好，但这很难做到。任何不符合这一点的外形都会让我们不舒服。这个不舒适的区域被称为“恐怖谷”。为了避免这一点，许多机器人设计者倾向于使人形机器人更加卡通化，但也具有人类易于识别的特征。

要知道的词

痴呆症：一种导致一个人思考和记忆的能力逐渐下降的脑部疾病。

自闭症：一种发展障碍，通常指难以与他人交流或互动的疾病。

一些社交机器人已经上市了。目前，日本一款名为Pepper（派博）的机器人被用来识别顾客的情绪，它已经被日本银行和其他企业用来迎宾。机器人可以识别和适应诸如快乐、悲伤和愤怒等情绪。如果Pepper感觉到你很难过，它会安慰你。

制造Pepper的那一家公司也制造了NAO——一个较小的社交机器人。截至2017年，已售出1万多台NAO！NAO在学校取得了广泛的应用。为什么你认为一个擅长社交的机器人在学校可能会有用？

遇见Paro！

Paro（帕罗）不是毛绒动物。这是一个看起来像白色小海豹的治疗机器人。Paro被吉尼斯世界纪录授予了“世界上最具治疗作用的机器人”的称号。

Paro从2003年开始在欧洲和日本使用。

研究表明Paro是有效的。例如，它能使老年痴呆症患者平静下来并接受治疗。

也许社交机器人最光明的未来是照顾老人。在美国，每天都有超过一万人年龄达到65岁。然而，受过正规培训的人类护理人员日益短缺。另外，当今社会成年子女往往住得离年迈的父母很远。你住得离爷爷奶奶近吗？

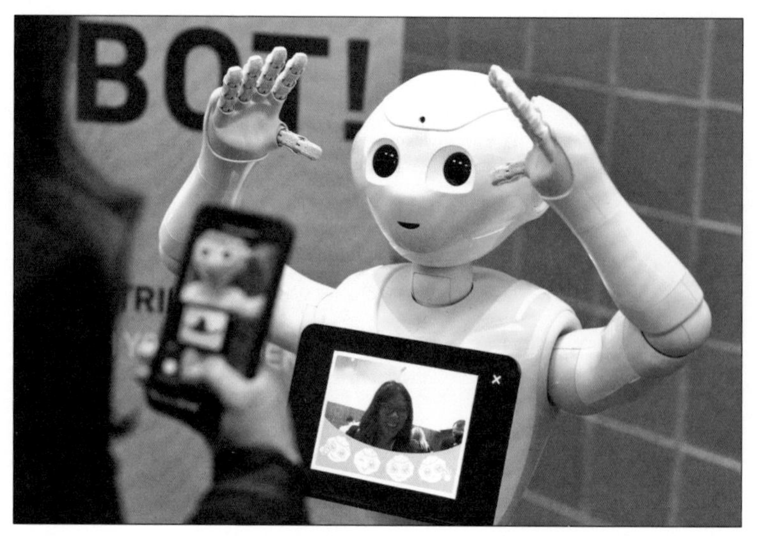

图片来源：Collision Conf (CC BY 2.0)

三个聪明的机器人

2015 年，伦斯勒理工学院的研究人员对三个 NAO 机器人进行了自我意识测试。自我意识测试的提出是基于一个名为智者测试的经典逻辑难题。在实验中，机器人学家让三个机器人中的两个丧失了说话能力。他们告诉机器人，给它们一颗药丸，这种药丸要么让它们无法说话，要么什么也不能做。然后，机器人学家问机器人它们得到了哪种药丸。三个机器人都考虑了几秒钟。一个机器人站起来说："我不知道。"然后，它停下来说，"对不起，我现在知道了……"机器人瞬间有了自我意识！

你能解决最初的智者测试难题吗？这是一个逻辑难题。请仔细阅读下面的文本。

国王把全国最聪明的三个人叫到他的城堡里。如果某个人通过了这次测试，国王会选择这个人作为国王的新顾问。国王在每个智者的头上都戴了一顶帽子。他们可以看到对方的帽子，却看不到自己的。国王告诉他们：（1）每顶帽子不是蓝色就是白色，（2）他们中至少有一个人戴着蓝色的帽子，而且这次测试对他们所有人都是公平的。这三个人可以彼此不说话。国王宣布第一个站起来正确说出他戴的帽子是什么颜色的人将成为新顾问。

最后，一位智者站起来说他戴着一顶蓝色的帽子。

你知道吗?

自闭症儿童对机器人反应良好！NAO 机器人已经成功地用于帮助他们学会识别情绪和更好地交流。

要知道的词

生命体征：重要的身体功能，如呼吸和心跳，通过测量来判断一个人是否活着或健康。

其他的国家也有这种问题。日本人口老龄化的速度甚至比美国还要快。到 2025 年，30% 的日本人将是老年人，但是日本只有所需一半的护理人员。

你知道吗?

机器人在 2018 年韩国冬奥会上发挥了作用。80 个机器人被用于帮助游客，打扫场地卫生，画壁画，甚至滑雪！

因此，许多机器人学家正在开发机器人作为老年人的伴侣和照顾者。事实上，日本政府在 2013 年就拨出数十亿日元资助护理机器人的研究！

这些机器人可以提供一系列服务，从陪伴到简单的家务劳动，再到全面的护理。比如 ElliQ 就是类似于 Alexa 或者 Siri 的语音助手。然而，它是专为在家中与老年人互动而设计的。ElliQ 可以提醒它的主人吃药、吃饭、锻炼，等等。像这样的机器人可以帮助老年人独自在家中生活更长时间。

瑞典的 GiraffPlus 机器人承担着许多与 ElliQ 相同的工作。GiraffPlus 可以吸尘、记录生命体征、提供与医生视频聊天的条件。Robear 是一个日本机器人，可以把患者从床上抬到轮椅上。它还可以帮助患者行走。

一些研究人员也在研究可以配药的机器人。

2005 年美国国防高级研究计划局挑战赛中的自动驾驶汽车。

图片来源：Spaceape (CC BY 2.5)

早期的自动驾驶汽车
图片来源：Travis Wise (CC BY 2.0)

自动驾驶汽车

科幻小说里充斥着自动驾驶的车。在那个想象中的未来，我们召唤一辆车，告诉它目的地，然后它就把我们带走了。我们看书或与朋友聊天时，风景滚滚而过。未来并不遥远，但也没有过去几十年人们希望的那么近。

在 21 世纪初，美国国防高级研究计划局要求工程师们制造一种实用的自动驾驶汽车。世界各地的团队制造了在封闭赛道上自动驾驶的汽车。但是 2004 年举行的首次比赛并不成功——没有一辆汽车跑完全程。

后来的挑战赛尽管任务要困难得多，但更成功。2005 年，自动驾驶汽车能在一条狭窄弯曲的道路上行驶。2007 年，自动驾驶汽车在一个封闭的军事基地里的街道上行驶。经历这些挑战之后，一个获胜团队中的一名工程师加入了谷歌公司，并在后来开发了第一辆实用的自动驾驶汽车。

要知道的词

半自动：在某种程度上能够自主行动。

雷达：一种通过向物体发射无线电波并测量无线电波返回所需时间来探测物体的设备。

激光雷达：一种通过向物体发射光线并测量光线折返所需时间来测量距离的设备。

基础设施：社会或企业运作所需的组织结构及设施，如建筑物、道路和电力供应。

今天，自动驾驶汽车已经在一些地方上路了。例如，在美国亚利桑那州凤凰城，韦莫公司（以前称为谷歌自动驾驶项目）为通勤者推出了一项试验计划，以测试其自动驾驶汽车。

在美国宾夕法尼亚州匹兹堡和亚利桑那州坦佩，优步用户可以利用自动驾驶。优步已经与沃尔沃合作，生产了一个小型自动驾驶汽车车队。然而，为了以防万一，还是需要一个司机坐在方向盘前面。如果出现问题，司机可以操控汽车。

大多数汽车制造商正在开发自己的自动驾驶车型，并继续在新车中引入半自动安全功能。

例如，特斯拉正在为其新车配备自动驾驶硬件——不仅限于软件。

韦莫公司的模拟游戏

教 AI 自动驾驶的一种方法是上路，另一种方式是通过模拟运行。韦莫公司开发了一款名为 Carcraft 的模拟游戏，这个名字借鉴了网络游戏魔兽（Warcraft）的名字。最初，韦莫公司设计 Carcraft 是为了回放 AI 在现实世界中遇到新事物，比如环形交叉路时的场景。程序员很快意识到，他们可以用精确的城市 3D 地图和测试轨道来训练人工智能。此外，他们可以同时训练许多虚拟自动驾驶汽车。在任何时候，都有 2.5 万辆虚拟自动驾驶汽车在 Carcraft 中模拟运行，每天虚拟自动驾驶汽车可以行驶数百万英里。

人工智能驾驶汽车的未来即将到来。

截至 2018 年，专家表示，从技术上来说，全自动汽车约占 85% 至 90%。但是达到 100% 或超出 96% 可能需要几年，甚至几十年。为什么？一些最棘手的问题仍然需要解决。技术挑战包括更好的传感器、更精确的地图测绘和人工智能软件本身。

今天的自动驾驶汽车在车顶和其他地方安装了体积庞大的传感器。这使得汽车可以 360 度观察周围环境。自动驾驶汽车使用雷达和激光雷达来扫描道路上的物体。雷达使用高频无线电波，激光雷达使用激光探测物体。这些传感器和车载摄像头可以感知道路、其他车辆、行人和骑自行车的人。

你知道吗？

汽车制造商特斯拉的自动驾驶程序（也叫作自动驾驶仪）出现了问题。2016 年，一辆自动驾驶汽车在一辆卡车转弯后未能刹车，导致一名乘客死亡。

今天的自动驾驶汽车可以直接感知周围的环境。然而，未来的自动驾驶汽车也需要与其他汽车和基础设施本身进行通信。

> **要知道的词**
>
> **全球定位系统**：也称为 GPS，这是一种无线电导航系统，允许陆地、海洋和空中用户在世界任何地方的任何天气条件下，每天 24 小时确定他们的准确位置、速度和时间。

这种通信可以确保汽车顺畅行驶，避免交通堵塞、事故，甚至可以避开结冰的桥梁或洪水淹没的道路。如今，一些汽车制造商将无线电系统也纳入其中。例如，一款汽车可以连接到一个智能信号灯。然而，我们的大部分基础设施并不“智能”。

地图是另一个需要改进的领域。现在的汽车都有全球定位系统和地图系统。但是全球定位系统只精确到6英尺(约1.83米)。这对寻找刚认识的朋友的住址很有效。但是一辆自动驾驶汽车需要对世界有一个更准确的视角，才能在繁忙的街道或者在狭窄、蜿蜒的山路上行驶。工程师们正在使用激光雷达和雷达开发高精度导航地图。

技术上最大的差距是 AI 本身。如今的 AI 还没有足够的驾驶经验。它们就像青少年学开车一样！它们在受到直接监督的领域中是值得信赖的，但它们可能不知道如何处理一些紧急情况。其中一些情况你可能每天都会看到，或者一生中只会看到一次，比如一棵树倒在了路上，或者一辆车驶入错误的车道，或者没有在红灯时停下来。引擎盖下的 AI 软件可以感知车辆、道路和行人，但它并不理解司机的行为。

全球定位系统能帮助你找到一个新的地方，但它并不总是特别准确。

自动驾驶半决赛

自动驾驶汽车受到媒体的广泛关注。戴姆勒（Daimler）、特斯拉、谷歌和优步等公司也在设计自动驾驶半挂卡车。例如，2015 年，戴姆勒公司推出了第一辆在美国内华达州获得许可的自动驾驶商用卡车。它被称为货运车的“灵感号”，并不是完全自动的。人类司机必须坐在驾驶座上。他们需要在街道和道路上控制卡车。然而，在高速公路上，驾驶员可以打开高速公路导航功能。“灵感号”配备了雷达和摄像系统，以及自适应巡航控制。在自动驾驶模式下，它将行驶在其车道上，并与其他车辆保持安全距离。

设计师们正在为人工智能编程，以使用机器学习来处理这些情况。例如，韦莫公司正在训练其人工智能，通过让其接触数百万英里的驾驶经历，来理解和预测司机的行为。这当然需要时间。

韦莫公司和其他自动驾驶汽车商的设计师正在使用不同的技术，以更快的速度给人工智能带来更多的驾驶经历。福特测试了自动驾驶车队相互间共享的信息。特斯拉利用人类司机的数据来改进软件。韦莫公司使用叫 Carcraft 的模拟游戏给出 AI 虚拟驾驶经历。

技术差距不是自动驾驶汽车必须面对的唯一障碍。根据最近的调查，美国人对人工智能控制的汽车有很深的担忧甚至恐惧。根据美国汽车协会的调查，四分之三的司机表示，他们害怕乘坐自动驾驶汽车。大多数人更相信自己的驾驶技术胜过人工智能。

你知道吗？

激光雷达不仅仅适用于汽车！它最早在 20 世纪 60 年代被用来绘制云。1971 年，阿波罗 15 号的宇航员使用激光雷达绘制月球表面的地图！今天，地球上的观测网使用激光雷达精确测量到月球的距离。激光雷达也被用于天气、考古等许多领域。

一些人甚至不愿意尝试新车提供的半自动驾驶功能，包括防碰撞、自动停车和自动紧急制动。接受调查的大多数人都不想放弃对汽车的控制。至少，他们想要有随时接管的功能。

乘坐自动驾驶汽车会有什么感受？

放弃对机器的控制，你会感到舒服吗？

然而，已经在汽车上使用半自动安全功能的司机可能信任这项技术，并希望在他们的下一辆汽车上使用这项技术。这些人可能对全自动驾驶汽车持拥抱姿态。半自动安全功能可能成为未来真正自动驾驶汽车的基础。但到目前为止，公众和立法者一直不愿意接受自动驾驶汽车，至少在更多的研究完成之前是这样。

汽车自动水平

1	驾驶员辅助	人类驾驶员能完全控制车辆，汽车可以接管一种或多种功能
2	部分自动	人类驾驶员仍然有驾驶责任，但是汽车可以接管转向、制动、加速
3	有条件的自动	车可以自动驾驶，但是人必须保持注意，可以随时接手
4	高度自动	在某些情况下，比如在高速公路上行驶时，人会交出控制权
5	完全自动	汽车在任何情况下都能自我控制

自动驾驶事故

不幸的是，自动驾驶汽车已经发生了几次事故。2018 年 3 月，一辆自动驾驶的优步汽车在美国亚利桑那州撞死了一名行人。事故发生在一个司机坐在方向盘前的情况下。这不是第一起事故，却是第一起自动驾驶汽车致人死亡事故。谷歌的自动驾驶汽车多年来一直存在许多小事故。然而，只有一个例子是汽车本身的故障。2016 年，一辆谷歌自动驾驶汽车以极低的速度撞上了一辆公交车的侧面。你认为自动驾驶汽车在社会上有一席之地吗？为什么？

创造性的 AI

智力的终极可能就是创造性。AI 可以作曲或者写故事吗？也许吧。一些研究人员使用人工智能算法来制作电影预告片、绘画、谱曲和其他创造性的工作——他们也获得了不同程度的成功。

例如，IBM 公司的沃森为一部名为《摩根》的电影制作了预告片，这是一部人工智能恐怖电影。沃森分析了数百部类似电影的预告片。然后，它从这些预告片中提取场景。

观看沃森的预告片

在父母的允许和帮助下，在网上观看《摩根》预告片，了解沃森是如何帮助制作的。

最后，一个人类编辑把预告片拼凑起来。在这个过程中，沃森大大减少了制作所需的时间。

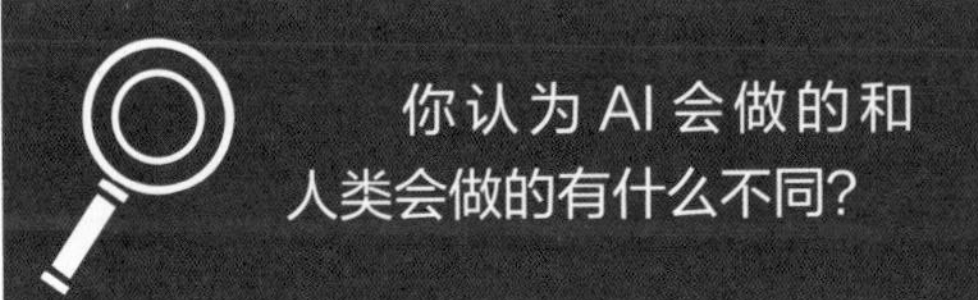

你认为 AI 会做的和
人类会做的有什么不同？

谷歌的马真塔（Magenta）项目于2016年启动，也在探索AI创造的可能性。马真塔正在学习作曲和绘画。

马真塔聆听或阅读艺术作品，然后试图创造自己的作品。

和AI玩二重奏

这个实验是用谷歌的马真塔项目代码构建的，它让你可以和AI进行虚拟二重奏。你甚至不需要知道怎么弹钢琴！只需点击一些键，AI就会做出反应。

现在，沃森和马真塔可能并没有真正创造艺术，但它们可能会帮助人类变得更有创造力。你认为有一个AI助手会帮助你更有创造力吗？你认为这会限制你的创造力吗？怎么来帮助或者限制创造力？

这些只是未来几年可能会研究的几个人工智能领域。除此之外，未来很难预测！通常，突破会以意想不到的方式出现。

Nomad公司办公室的狗——鲁弗斯出现在一张未经修改的照片和一张通过人工智能程序新制作的照片中。你觉得哪个更可爱？

而且，正如你将在下一章中发现的，不是每个人都同意人工智能的未来是充满希望或者充满危险的。

核心·问题

人工智能在未来如何改善人类生活？

探索恐怖谷

人类与长得像人类又不完全像人类的机器人一起工作可能会感到不舒服。出于某种原因，人们会觉得机器人很奇怪并且令人恐惧。你将设计一个实验来观察人们对不同类型的机器人的反应。

➤ **想想你在这个实验中想要回答的问题。**你想验证什么假设？例如，你可以假设人们更喜欢和长得像人的机器人一起工作。你需要三个朋友或同学作为测试员。

➤ **收集并打印出五幅机器人图片。**在家长的允许下，你可以在网上，或者在杂志上找到这些图片。这些图片包含非常人性化的机器人和非常卡通化的机器人，一定要包含至少一个令人毛骨悚然的机器人。机器人可以是真实的，也可以来自电影、电视或电子游戏。

➤ **在你的工程笔记本上，写几个你希望测试员回答的问题。**例如，他们更喜欢和哪个机器人一起工作或玩耍？为什么？机器人的外形让他们有什么感觉？没有正确或者错误的问题和答案。

➤ **向你的测试员提问并展示图片。**如果他们允许，你可以记录他们的反应。

➤ **分析你的数据！**大多数人选的是哪张图片？为什么？你认为你的结果能说明人类是如何看待机器人的吗？

尝试一下！

写一小段总结。你也可以制作一个图表来更好地展现你的数据。你能得出什么结论？

创造恐怖谷

你将创建一张几乎和你一样的三维的机器人脸。你可以在一些地方稍微调整一下。你能做到多恐怖？大家会怎么反应？

拍一张你的全脸。用白纸打印出来。打印出来的照片和你实际的脸一样大或者大一点！在纸上为你的眼睛留洞。

制作你的机器人面罩。以照片为指南，在纸上铺上黏土或橡皮泥。尽量使用与你的皮肤和嘴唇颜色相匹配的材料。你在制作机器人面具时，可能需要看看计算机上或镜子里的照片。尽量做得真实一点。用合适的颜色雕刻鼻子、嘴唇、眉毛和颧骨。（你不需要做头发。）

把机器人的脸举过你的脸，照照镜子做对比。机器人的脸让你有什么感觉？如果和你很像，可能会让你毛骨悚然！如果是这样的话，你已经进入了恐怖谷！调整你的面部特征。嘴唇大一点或者鼻子尖一点会怎么样？

现在，试着做一张更卡通的机器人脸。例如，你可以把皮肤变成灰绿色，或者把特征变得非常简单。这个版本还是那么令人害怕吗？你想和一个长着这张脸的机器人一起工作或者一起玩吗？为什么？

尝试一下！

给你制作的每张面具拍照。让一个朋友或家庭成员看照片，并且选择最恐怖的照片。描述你所做的每一个改变，并做出评价：1 代表超级恐怖，5 代表超级可爱。

要知道的词

三维的：有长度、宽度和高度，并从平面上凸起的。

预测未来!

你认为 AI 的未来会是怎样的?你希望它是什么?你将成为专家,并且分享你的预测。

做点调查。关于 AI 的未来,专家们都说了些什么?在家长的允许下,在网上或图书馆找到一些这样的文章。专家怎么看?你认可专家的观点吗?为什么?

多做一点研究。AI 目前有哪些令人兴奋的领域?你认为几年后 AI 会是什么样子?你应该尽可能缩小你的搜索范围。例如,社交机器人、自动驾驶汽车、AI 助手在医疗或者网络犯罪领域的未来是什么?

做出自己的预测。把它们写在你的工程笔记本上,并写下你做出预测的原因。

尝试一下!

把你的预测分享给朋友和家人。他们同意你的预测吗?为什么同意,或为什么不同意?说一说支持你预测的证据。

制作一个机器人

你可以在教室或家里做一个非常简单的机器人！让我们试着做一个会画画的机器人。对此，你需要一把电动牙刷和一段浮条泡沫。让一个成年人帮你切开泡沫。

将电池放入牙刷中，取下牙刷的刷头。你只需要电动牙刷里的马达来驱动你的机器人。

切一段比牙刷稍长的浮条泡沫。剩下的浮条泡沫可以留着制造更多的机器人。

在浮条泡沫的侧面用胶带绑上一支马克笔，马克笔笔尖向下，大约绑在浮条泡沫下面三分之一的位置。

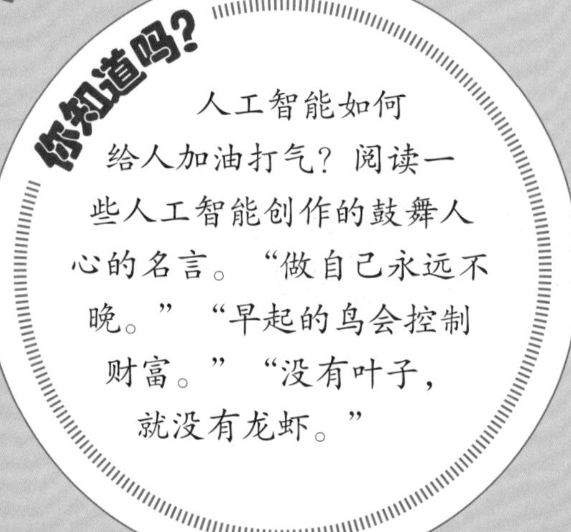

你知道吗？
人工智能如何给人加油打气？阅读一些人工智能创作的鼓舞人心的名言。“做自己永远不晚。”“早起的鸟会控制财富。”“没有叶子，就没有龙虾。”

另外两支马克笔重复上一个步骤。每支马克笔都应该绑在浮条泡沫下面三分之一的地方，形成一个三脚架。

将电动牙刷向下插入浮条泡沫中间的孔中。露出开关按钮。用胶带将电动牙刷固定到位。

取下马克笔笔帽，将机器人放在一张纸上。

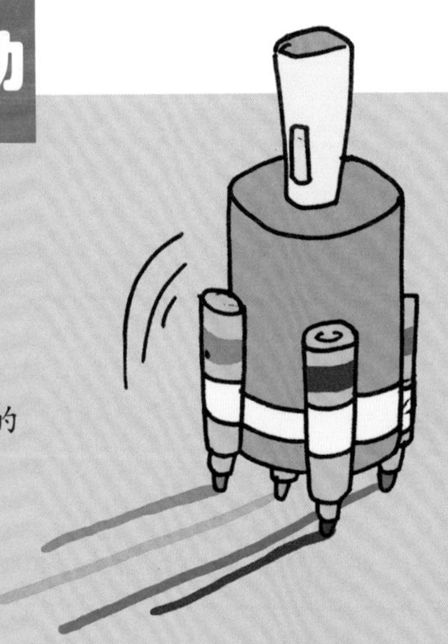

▶打开它，让你的机器人创作！ 它能四处移动，在纸上留下图案。如果不能，请尝试调整马克笔的位置。也可以尝试使用不同颜色的马克笔。

设想一下！

你觉得这个机器人是在创作艺术吗？为什么？你觉得你的机器人的绘画作品怎么样？在视觉上能令人愉悦吗？你喜欢吗？

虚拟达·芬奇？安吉洛机器？

如果机器人能够发挥创造力，创作出人们挂在家里欣赏和受到启发的艺术作品，这对人类的创造力意味着什么？人们总是担心人工智能会取代人类，无论是那些被杂货店的自助结账机取代的人，还是那些担心人工智能会真正擅长创作情节和角色的作家。有没有办法让人类艺术家完全被 AI 艺术家取代？艺术长期以来被认为是人类共有的痛苦、快乐、困惑和惊奇的出口，但是随着沃森和马真塔在创作艺术方面的进步，我们发现我们所认为的人类独有的东西实际上可以通过机器体验到。这会对人类艺术有什么影响？

制作一个虫形机器人

机器人设计师经常从大自然中寻找灵感。他们甚至设计了像昆虫一样移动、飞行和交流的机器人。例如，哈佛大学的研究人员设计了一种像蜜蜂一样的微型机器人（RoboBee）。你也可以制作一个虫形机器人！你需要一些特别的用品，包括一个 1.5 伏到 3 伏的微型马达（通常被称为业余爱好者马达），以及带引线的 AA 单电池底座、AA 电池和泡沫板。

将电池底座与马达绑在一起。提示：让连线部位露在外面，这样你就可以连接电线！如果你没有电池底座，剪下一小块泡沫板，不要比马达更宽或者更长。将泡沫板粘到马达上，然后把电池粘在马达上。

使马达不平衡。剪下一小块泡沫板，粘在马达的顶端。你也可以使用橡皮擦。马达不平衡会产生晃动，使机器人移动。

将电池底座上的电线连接到马达的引线上。你可以把电线的末端拧到导线上。

添加两条腿！剪下一小块泡沫板，粘在电池底座下，这样会更容易添加两条腿。你可以将大回形针的两端弯曲，把它们粘在泡沫板上。用胶水或胶带把它们粘起来，让腿更牢固。也可以用其他材料做实验。

装饰！你可以给你的机器人增加眼睛或其他装饰。

通电，然后放手让它动。虫形机器人会振动并移动。如果没有，试着调整腿或使马达更加不平衡。

给你的虫形机器人拍一张照片或一段视频，然后分享给大家！

尝试一下！

制作另一个虫形机器人，但这次改变设计。如果你用别的东西做腿会怎么样？

昆虫机器人

"我们撞毁多少只机器蜂？全部。"有一个工程师叫罗伯特·伍德，他正致力于研发昆虫机器人！为什么世界上需要更多的昆虫机器人？它们可以向灾难现场的救灾人员提供信息。由于气候变化改变了天气模式和生长季节，它们也可能对农业有用。

在父母的允许和帮助下，你可以在网上观看关于昆虫机器人的视频。

今天的自动驾驶汽车

如今许多汽车都有 AI 功能，或者表现出低水平自动驾驶功能。例如，你的家人可能已经有了一辆具有碰撞警告或自动停车功能的汽车。如今我们离拥有自动驾驶汽车还有多远？你要去做一些调查来找出答案！

研究一下现在生产全自动汽车的公司。例如，截至 2018 年，特斯拉和韦莫公司已经生产了自动驾驶汽车。还有哪些公司也生产了自动驾驶汽车？各大汽车制造商都在做自动驾驶汽车吗？是什么阻止了人们使用全自动驾驶汽车？

汽车拥有哪些 AI 功能？例如，汽车能够自动停车。把这些功能列出来。哪些车有这些功能？

制作一个信息图或图表来展示你的发现。例如，在左侧列出汽车制造商，在右侧列出汽车的功能。如果汽车制造商设计了 AI 功能，请添加标记。

尝试一下！

选择一个或多个你研究过的功能，比如自动停车。多做一些调查。你的父母和你认识的其他成年人有一辆带有这种功能的车吗？他们是否使用并喜欢该功能？为什么？

第四章

我们需要 AI 吗?

人类几个世纪以来一直梦想着制造会思考的机器。我们制造了一些令人惊叹的计算机和机器人。但是，我们真的需要它们吗?

核心·问题

如果没有 AI，今天的世界会是什么样子?

当然，它们有很多好处，其中一些你可能已经了解了。这里还有一些。

要知道的词

核泄漏：核电站中核反应堆不受控制，放射性物质外泄。

辐射：一种对人类和其他生物造成伤害的电磁能，也是治疗癌症等疾病的一种方法。

重力：物体由于地球的吸引而受到的力。

小行星：围绕太阳旋转的，但体积和质量比行星小得多的天体。

矮行星：具有行星级别质量，但既不是行星、也不是卫星的天体。

星际：星体与星体之间的。

美国国家航空航天局：美国负责太空探索的组织。

栖息地：生物生存和繁衍的地方。

安全

2011 年 3 月 11 日，日本沿海发生 9.1 级地震，引发海啸——福岛第一核电站发生核泄漏。数千人因洪水死亡，福岛周围地区不得不疏散居民。

这场灾难发生后不久，机器人学家开始问自己：如果我们有机器人来帮助营救人员会怎么样呢？

人形机器人和其他种类的机器人可以很容易地进入对人类来说不安全的地方。美国国防高级研究计划局发布了一项挑战，要求制造在某种程度上能够独立思考的搜救机器人。

许多工程师团队接受了挑战，为决赛制造了 25 个机器人。它们要在一系列障碍赛中相互竞争。在 2015 年的最后一场挑战赛中，机器人需要开车，爬楼梯，使用电动工具，在瓦砾中行走，等等。获胜的机器人设计团队获得了数百万美元来进一步开发他们的机器人。

机器人，某种程度上还有 AI，可以大胆地去人类不能去或者不想去的地方。想想太空探索。大多数太空任务都是机器人完成的。为什么呢？

你知道吗？

无人机可以用来飞越灾难现场并找到幸存者。有个问题是所谓的“灾难游客”，即业余无人机用户使用自己的机器，妨碍了救援单位的工作。

太空是一个危险的地方，温度极端，到处是辐射，几乎没有重力和氧气。另外，要到达太空中的任何地方都需要很长时间，因为所有的星体都离其他星体很远。

美国国防高级研究计划局机器人挑战总决赛

愿最好的机器人获胜！2015 年 6 月，美国国防高级研究计划局在加州波莫纳举行了搜救机器人的挑战总决赛。

向其他行星、小行星、矮行星、卫星、太阳甚至星际空间发送机器人航天器是有意义的。我们也使用机器人在国际空间站外工作。这些机器人航天器大多只有少许的人工智能或者没有人工智能。然而，美国国家航空航天局（简称 NASA）正在开发名为瓦尔基里（Valkyrie）的类人机器人，它将被送往火星。

它的任务是在人类宇航员到达之前为他们建造一个栖息地。该机器人将与宇航员一起探索火星。

一个叫 Dextre 的机器人在国际空间站外面工作。
图片来源：NASA

要知道的词

碳排放：二氧化碳和其他含碳气体等温室气体释放到大气中。

另一个关于安全的例子，是我们在上一章讨论的自动驾驶汽车。开车似乎不像太空探索或搜救任务那样危险，但全世界每天约有 3000 人死于车祸。每年有超过 3.3 万例死亡事件发生在美国。根据美国国家公路交通安全管理局（NHTSA）数据统计，94% 的车祸关键原因是人为错误。这些是大多数汽车制造商在谈到自动驾驶汽车时指出的数据。有什么解决办法呢？让人从驾驶座上离开。

见见瓦尔基里

2016 年，美国国家航空航天局要求研究团队为瓦尔基里开发软件。太空机器人挑战赛的目标是提高瓦尔基里独立行动的能力。

这样，它可以在太空探索期间和登陆火星后完成任务，而无须太多的人类监督。挑战包括编写一个虚拟的瓦尔基里程序来完成火星上的一系列复杂任务。例如，瓦尔基里必须处理沙尘暴的余波并修复其破坏的事物。400 多支队伍参加这一挑战赛！2017 年的决赛是一个人的团队赢得的。

美国国家航空航天局的 R5 机器人，绰号瓦尔基里，是美国国家航空航天局最新开发的人形机器人。它的研发是为了参加美国国防高级研究计划局机器人挑战赛，并在该机构内推进机器人技术的发展。

谷歌自动驾驶汽车
图片来源：Steve Jurvetson (CC BY 2.0)

一旦实现完全自动驾驶，大多数专家认为交通将更加安全。人工智能不会被电话分散注意力！此外，它们永远不会酒后驾车。然而，在目前的自动驾驶汽车开发阶段，人类驾驶员、消费者群体对当前自动驾驶汽车变得更安全的能力持怀疑态度。

自动驾驶汽车也可能有助于清洁环境和减少碳排放。忧思科学家联盟（Union of Concerned Scientists）称，交通运输造成了一半以上的空气污染。自动驾驶汽车会在消除交通拥堵、减少碳排放和污染排放方面有所帮助。此外，一些公司，如特斯拉，开发的电动自动驾驶汽车将更有利于环境，因为它们不会使用化石燃料。

要知道的词

仿生肢体：使用电子设备的人造身体部分。

机器人做手术

你知道吗？

达·芬奇外科机器人于2000年获准在美国使用，每年大约要做40万台手术。

机器人已经走上手术台参与治病救人，虽然它们还不会自己操作！医疗机器人给人类医生提供了更好的操作控制。应用最广泛的机器人是达·芬奇手术系统。

达·芬奇外科机器人有四个机械臂，每个机械臂都有微型手术工具或照相机。它的三维摄像头为医生提供手术部位的高清三维视图。外科医生通过控制台控制机器人，使用手动控制器来移动手术刀或激光。这种机器人的软件令外科医生的手部动作非常顺畅。

达·芬奇外科机器人使医生能够进行精细复杂的手术，这些手术没有它是不可能进行的。

一些医疗机器人甚至更加自动化。例如，射波刀（CyberKnife）是一种用辐射治疗癌症的全机器人系统。利用实时成像，机器人可以用高剂量的辐射精确定位癌细胞，甚至可以在病人移动时进行自行调整。其他医疗机器人执行不同的医疗功能。医疗是一个可以借助AI不断提高的领域！

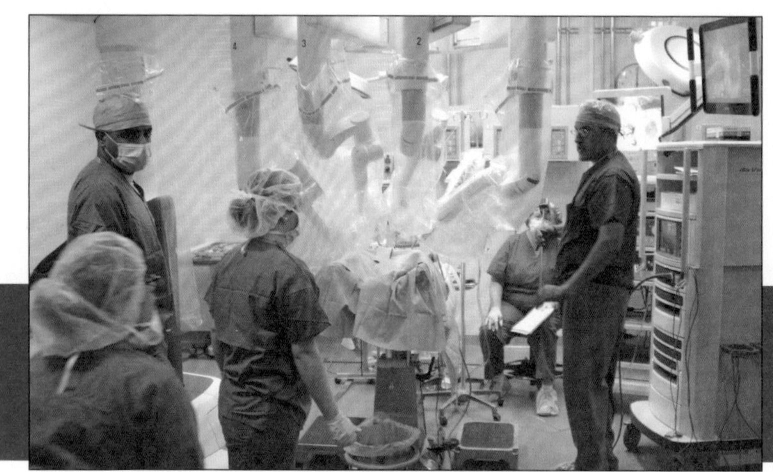

凯斯勒（Keesler）医疗中心的达·芬奇Xi手术系统

图片来源：U.S. Air Force

仿生学

科学家们现在正在制造具有机器智能的仿生肢体。对于大多数假肢，例如小腿假肢，穿戴者必须仔细考虑如何移动它，以及如何将脚放置在地上。用假肢走路是一种全新的体验。

陆军上士比利·科斯特洛伸展和弯曲他的仿生脚踝，这个仿生腿是他因踩上爆炸装置失去一条腿后得到的。

图片来源：DOD photo by Terri Moon Cronk

市场上第一个仿生腿是奥索（Össur）公司的共生腿（Symbionic leg），它可以为它的佩戴者“思考”。假肢中的传感器读取身体位置的微小变化，并扫描脚下的地形。计算机芯片选择最佳角度将脚向前摆动，放在地上。这条腿甚至可以帮助穿戴者在摔倒时重新站起来！

不用再吸尘或修剪草坪！

如果你不喜欢做家务，机器人可以来帮你了！许多公司现在生产机器人吸尘器。它们自己跑，可以避开家具等障碍物——尽管上下楼梯仍然是一个挑战。有的甚至可以在你不在家的时候用智能手机远程控制！

虽然它们的工作性能不如普通的真空吸尘器，而且非常昂贵，但它们在不断改进。机器人割草机也可以用来帮助完成另一项许多人讨厌的任务。虽然许多机器人割草机只能处理很小的院子，但有的机器人割草机一次可以处理一英亩（约 6 亩）的土地。就像吸尘器一样，它们可以通过智能手机控制。你希望你的哪些家务由机器人代劳?

要知道的词

外骨骼：一种能够对生物柔软内部器官进行构筑和保护的坚硬的外部结构。

躯干：除了头、臂和腿以外的身体部位。

网络威胁：试图破坏或扰乱计算机网络或系统。

外骨骼

外骨骼是机器人帮助人们行走的另一种方式。外骨骼是一种可穿戴在人的腿上或躯干上的机器人。外骨骼能感知人体的微小变化。然后，马达驱动弯曲外骨骼的臀部和膝盖，使人移动。

ReWalk 是首批获批用于家庭的外骨骼之一。其他外骨骼，如 Ekso，主要用于物理治疗。它们帮助脊髓或脑损伤患者学习如何再次行走。

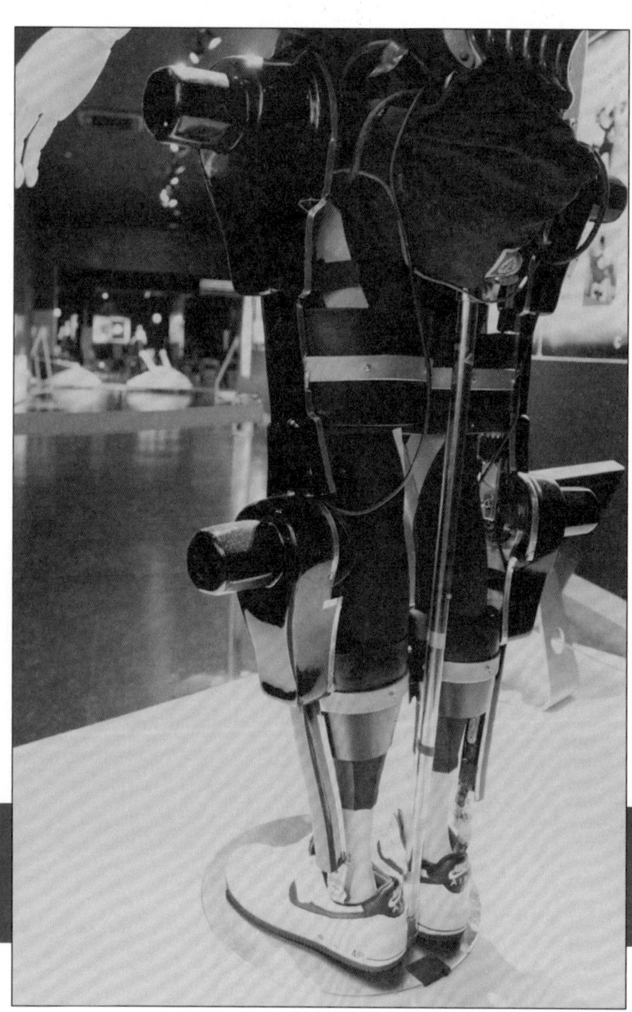

赛博达因（Cyberdyne）公司设计的一种帮助人们行走的机器人设备

图片来源：Yuichiro C. Katsumoto (CC BY 2.0)

你知道吗？

2012 年，一个名叫克莱尔·洛马斯的瘫痪患者穿着 ReWalk 外骨骼完成了伦敦奥运会马拉松比赛。她花了 17 天穿越了终点线！

更聪明地工作

今天你有没有拍过照片，上传过英语作文，或者在网上看过视频？在当今世界，我们被淹没在数据中。大量的信息被存储和交换，太多的信息我们无法控制。

人工智能可以帮助我们处理所有的数据，这样我们就可以更高效地工作。人工智能非常擅长筛选大量信息并找到它们之间的联系。医学是一个特别需要人工智能帮助的领域。比如 IBM 公司的沃森帮助医生做诊断。大多数医生没有时间阅读每年在医学杂志上发表的所有新研究，但是沃森可以！人工智能可以搜索所有的期刊和数据库，然后提出治疗建议。

举几个其他领域的例子，像沃森这样的人工智能也与报税部门合作，帮助他们更新税法的变化。人工智能帮助保险公司分析索赔，发现并预测黑客的企图和其他网络威胁，等等。

要知道的词

退伍军人：在军队中服役后，退出离开军队并恢复一般公民身份的人。

人际关系

令人惊讶的是，研究人工智能能帮助我们理解我们自己。制造一台会思考的机器让我们思考什么才是智能。研发一个社交机器人也迫使我们关注情绪和社交线索。

为了改善机器和机器人与人类互动的方式，人工智能需要学会正确感知情绪并做出反应。为了弄清楚这一点，人工智能研究人员也必须了解人类是如何感知和反应的。我们从面部和肢体语言中获取情感和其他线索。通过关注人类的这些方面，特别是在我们与非人类密切合作的过程中，我们对自己和他人有了更多的了解。

你知道吗？

IBM 公司的沃森还帮助训练导盲犬。IBM 公司收集了成千上万只狗的健康和在线培训记录。沃森仔细研究数据，寻找模式，帮助更多的狗完成训练并成为帮助盲人的导盲犬！

深度思考公司

2017 年，谷歌公司旗下的深度思考公司开发了一种人工智能，它可以自学走路、跑步和跳跃！人工智能从未走过路。它第一次尝试移动是笨笨的，但仍然非常有效！

有时候人们宁愿和机器人一起工作！

这里以艾莉（Ellie）为例。

艾莉是虚拟治疗师。她采访退伍军人，发现退伍军人的心理问题。许多退伍军人通常不愿意向其他人袒露心声，但他们发现与艾莉交谈很容易。

一只由沃森帮助训练的导盲犬，现在被用来训练其他导盲犬。
图片来源：U.S. Air Force photo/Jason Minto

同样，日本的老年患者认为机器人看护者比人类看护者更让人舒心。日本人口正在老龄化，护理人员却在减少。研究人员希望机器人能在未来几年填补这一空缺。

人工智能在我们生活的许多领域都非常有用。那么，为什么人工智能没有在更多领域有所表现呢？为什么公司不花更多的时间和金钱来研发新的机器人或改进旧的机器人呢？有一部分原因是，一些人不愿意进入人工智能的世界。我们将在下一章了解更多关于人们对人工智能的焦虑。

核心问题

如果没有 AI，今天的世界会是什么样子？

STEM活动

设计一个救援机器人

美国国防高级研究计划局的挑战赛是设计能够应对灾难的机器人。你可以尝试自己设计！

首先，想想机器人需要做什么！做些调查。在父母的允许和帮助下，可以上网观看美国国防高级研究计划局挑战赛的视频，了解更多用于危险环境，如太空环境的机器人设计。这些机器人需要在什么样的条件下工作？机器人执行什么任务？

为你的机器人列出功能和其他要求的清单。例如，它需要爬楼梯吗？会使用工具吗？能防水吗？会独立思考吗？你可以以此设计你的清单！

好奇号火星探测器

瓦尔基里还没有为探索火星做好准备，但是好奇号火星探测器已经在火星上了，并且正在努力工作。它于2012年8月在火星着陆。

接下来，在你的工程笔记本上画出你的机器人。标记并描述其特征。哪个功能能让你的机器人做清单上的哪件事情？你认为哪个功能最难构建？为什么？

尝试一下！

给你的机器人做个模型！你可以用任何材料制作你的机器人。你会如何改进你的设计？

设计一个太空机器人

美国国家航空航天局的瓦尔基里一开始是美国国防高级研究计划局机器人挑战赛的参赛者。现在，美国国家航空航天局想把瓦尔基里送到火星，为人类宇航员探索火星做足准备。瓦尔基里并不是第一个进入太空的机器人。有几艘机器人飞行器已经探索了火星，一些机器人现在正在国际空间站工作。你可以尝试设计自己的太空机器人。

首先，想想机器人需要做什么！ 你想要一个探索火星的机器人吗？在空间站或月球上工作？

对当前的太空机器人做一些研究。 瓦尔基里是一个很好的研究起点。

调查机器人所需的操作条件，以及它们可能需要完成的任务。 分析机器人到其他行星、卫星或小行星的任务。如果你对空间站感兴趣，在父母的允许和帮助下，可以搜索有关空间站的资料。

为你的机器人列出功能和其他要求的清单。 例如，它是否需要在零重力环境下工作？是否到小行星上开采矿石？是否要独立思考？你可以以此设计你的清单！

接下来，画出你的机器人草图。 标记并描述其特征。如何让你的机器人做清单上的事情？你认为哪个功能最难构建，为什么？

尝试一下！

给你的机器人做个模型！你可以用任何材料做。你需要解决什么样的问题才能使它在太空中有用？

发现我们身边的算法

AI 算法就在我们身边，通常执行非常具体的任务。例如，它们提醒我们是时候去踢足球了，在视频网站上向我们推荐电影，在互联网上搜索信息，为我们挑选一首新歌，或者预测我们接下来想买什么。

征得家长同意，看看网上能查到多少算法！

- **选择一个音乐或视频网站。**
- **稍微研究一下网站是如何运作的。**例如，你可以搜索关于视频网站算法如何工作的文章。它们如何预测你想要看什么？它们如何记录你已经看过的内容？
- **接下来，去网站逛逛。**你能发现多少算法？例如，网站会告诉你什么是流行或趋势吗？它们给你建议了吗？它们是基于你过去看过或听过的东西吗？列出正在使用的可能算法。
- **你还观察到了什么？**这些算法按照你希望的方式工作吗？为什么？例如，它们真的向你推荐你喜欢的电影或音乐吗？写一小段话，详细说明你从对算法的研究和探索中发现了什么。

尝试一下！

试试另一个网站，看看它的算法是如何工作的，并进行比较。

设计一个看护或陪伴机器人

人口正在老龄化，但我们可能缺少护理老年人的医护人员。一些机器人学家正在设计社交和护理机器人，尤其是为老年人设计的。设计一个机器人，作为老年人的伴侣或照顾者。

▶ **首先，想想机器人需要做什么！** 你想要一个陪伴老人的机器人吗？机器人需要照顾一个残疾人吗？它能在一个人的家里、医院或其他地方工作吗？

▶ **在家长的允许下，对当前的社交机器人进行一些研究，** 尤其是那些专门为老年人设计的机器人。《机器人的明天》（*Robotics Tomorrow*）这篇文章是一个很好的研究起点。

▶ **调查机器人所需的操作条件以及可能需要完成的任务。** 你的机器人会做什么家务？你的机器人会成为养老院里的护理员吗？

▶ **为你的机器人列出功能和其他要求的清单。** 例如，它需要举起 300 磅（约 136 千克）的物体吗？会讲笑话吗？能提醒某人服用药物吗？能独立思考吗？你可以以此设计你的清单！

▶ **接下来，画出你的机器人草图。** 标记并描述其特征。如何让你的机器人做清单上的事情？你认为哪个功能会是最难构建的？为什么？你认为儿童看护机器人和老人护理机器人有什么不同？

尝试一下！

设计其他对人类有用的服务型机器人。这些机器人可以解决什么问题？

第五章

科幻小说中的 AI

会思考的机器在人们的想象中已经存在几千年了。我们讲过给无生命的角色赋予生命的故事。我们创作过以人工智能和机器人为角色的书、戏剧、电影、漫画和电视节目。

科幻小说中的技术通常比现实中的超前很多年，但故事往往讲述那个时代的担忧和恐惧。

核心·问题

科幻电影和书籍是如何反映现实世界中我们对机器人和 AI 的态度的？

从古代到 19 世纪

大多数神话都讲述过机器"人"的故事。在希腊神话中，火神、锻造和砌石之神、雕刻艺术之神赫菲斯托斯用黄金制造了会说话的女仆。在讲述特洛伊战争的史诗《伊利亚特》中，赫菲斯托斯制造了机械生物来侍奉神灵。《伊利亚特》写于2600 多年前！

要知道的词

技术：用于解决问题或完成工作的工具、方法和系统。

神话：由人民集体口头创作，表现对超能力的崇拜、斗争及对理想追求、文化现象的理解与想象的故事。

特洛伊战争：古希腊人和特洛伊人之间的战争。

另一个例子是魔像。在犹太民间传说中，魔像是一个泥人。当写有神圣话语的纸条被放进魔像的嘴里时，魔像就被赋予了生命。移除纸条会导致魔像再次陷入睡眠。在早期的传说中，魔像通常是一个过于机械的、满足主人愿望的仆人。到了 16 世纪，故事中的魔像成了犹太人在困难时期的保护者。

1818 年，玛丽·雪莱（Mary Shelley，1797—1851）出版了《弗兰肯斯坦》，通常被认为是第一部科幻小说。在小说中，维克多·弗兰肯斯坦博士用尸体拼凑出一个巨大人形，并利用新的电子技术赋予它生命。由此产生的怪物被社会所回避，怪物开始向它的创造者进行报复。在 19 世纪早期，科学家们已经开始用电来进行使死亡组织复活的实验。

在《弗兰肯斯坦》中，玛丽·雪莱探索了科技会如何攻击或背叛人类。从 1910 年的一部无声电影开始，这部小说已经多次被改编成电影。

要知道的词

反乌托邦：与理想社会相反的，一种极端恶劣的社会最终形态。

工业革命：18 世纪和 19 世纪，大城市和工业开始取代小城镇和农业的时期。

标志性的：某一特定时期被广泛认可的象征。

英语中最早提到真正的机械人是在 19 世纪晚期的廉价小说中。廉价小说指的是廉价、受欢迎的平装小说，通常讲述的是爱情或冒险的故事。第一本机器人廉价小说是爱德华·埃利斯（Edward Ellis，1840—1916）于 1868 年出版的《草原上的蒸汽机器人》。

1907 年，弗兰克·鲍姆（Frank Baum，1856—1919）在小说《奥兹国女王》中介绍了 Tik-Tok，一个用光滑的铜制成的有发条的圆形铜人。它靠发条运行，需要定期上发条。Tik-Tok 被认为是现代文学中最早的机器人之一。它出现在多部讲述奥兹国的小说中，包括《多萝西》和《绿野仙踪》。

20 世纪早期

英语单词 robot（机器人）最早出现在 1920 年的一部戏剧中。捷克作家卡雷尔·切克（Karel Čapek，1890—1938）在他的戏剧《罗素姆的万能机器人》中使用了这个词。剧中，机器人起初很乐意为人类工作，但很快就在一场机器人叛乱中崛起，导致人类灭绝。robot 这个词来自捷克语中的 labor（劳动），这个定义与我们今天对机器人的期望相比如何？

卡雷尔·切克

1927 年发行的无声电影《大都会》中的机器人玛丽亚，是电影中出现最早的会思考的机器人之一。这部电影的背景是一个未来的反乌托邦社会。富人在高楼里统治，而工人在地下城生活和劳作。一个疯狂的科学家制造出一个机器人，试图煽动工人暴乱，摧毁地下城的机器世界。

《罗素姆的万能机器人》和《大都会》都反映了 20 世纪初人们的恐惧。工业革命使越来越多的人在城市的工厂工作，但当时的法律并没有像现在这样保护工人的权益。工人们在危险的条件下长时间工作，却只得到很少的报酬。工厂甚至雇用儿童！到 1900 年，每年有 3.5 万人在美国的工厂中死去。工人们几乎没有什么权利和权力。

20 世纪 20 年代是社会和劳动变革的时期。工人们开始追求他们的权利并成立工会。工厂主和政府经常对想要抗议工作条件的工人使用暴力。

AI 和机器人主题

你看过关于这些主题的电影或书籍吗？

AI 叛乱

AI 控制

AI 控制社会

AI 服务社会（包括机器人仆人或奴隶）

非法的 AI

AI 与人性的融合

AI 寻求平等的权利

AI 寻求目标、理解和爱

你知道吗？

1956 年，电影《禁忌星球》创作了有史以来最具标志性的电影机器人之一：罗比（Rpbby）机器人。罗比出演了 30 部电影和电视节目，于 2004 年入选机器人名人堂。2017 年，罗比以 530 万美元的价格被拍卖。

早期作品如《罗素姆的万能机器人》和《大都会》让机器人扮演工人甚至奴隶的角色。但是机器人的反抗没有好结果。

你认为这说明了当时的恐惧吗？上层社会到底害怕谁？

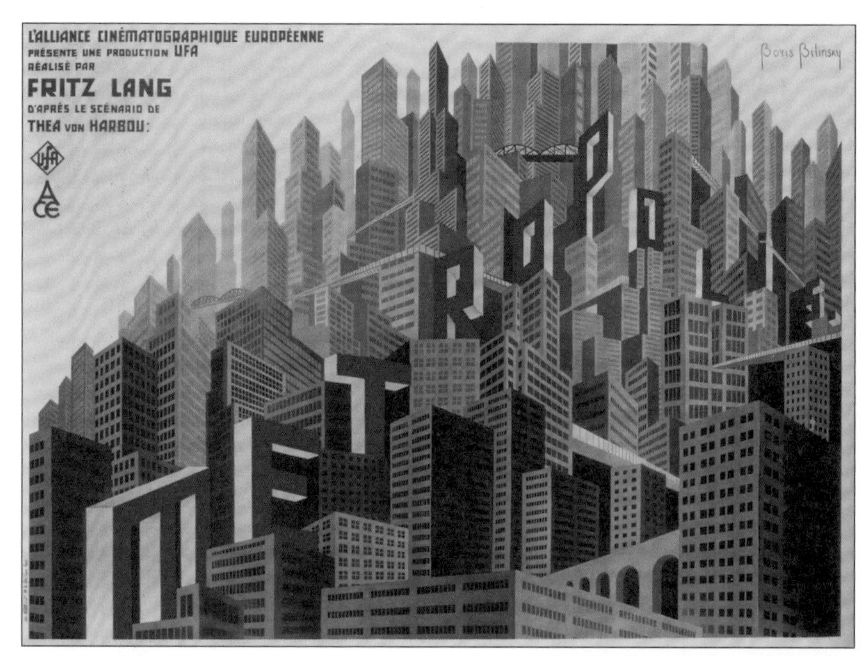

《大都会》的电影海报

机器人定律

作者艾萨克·阿西莫夫（Isaac Asimov，1920—1992）写了机器人必须遵循的三条定律。

第一定律：机器人不得伤害人类，也不能因为不作为而让人类受到伤害。

第二定律：机器人必须服从人类的命令，除非这种命令与第一定律相冲突。

第三定律：机器人必须保护自己，只要这种保护不违反第一或第二定律。

在 1985 年的著作《机器人与帝国》中，阿西莫夫在上述三条定律的基础上修改了第一条定律：机器人不得伤害人类，或因不作为让人类或人性受到伤害。

20 世纪中叶

20 世纪初期到中期出现了一些关于智能计算机的电影和小说。大多数作家认为智能是在制造机器人或计算机中自然而然产生的。

许多作品探讨了技术控制等问题。

1950 年，阿西莫夫出版了短篇小说集《我，机器人》。阿西莫夫还写了许多关于机器人的小说，其中有一位名叫 R. 丹尼尔·奥利瓦（R.Daneel Olivaw）的机器人侦探。在这些书中，机器人是与人类相处的智能仆人和同事。阿西莫夫提出了所有机器人都必须遵循的三条定律，防止机器人伤害人类或自己。你认为阿西莫夫为什么提出这些定律？这说明几十年来人们的态度是什么？

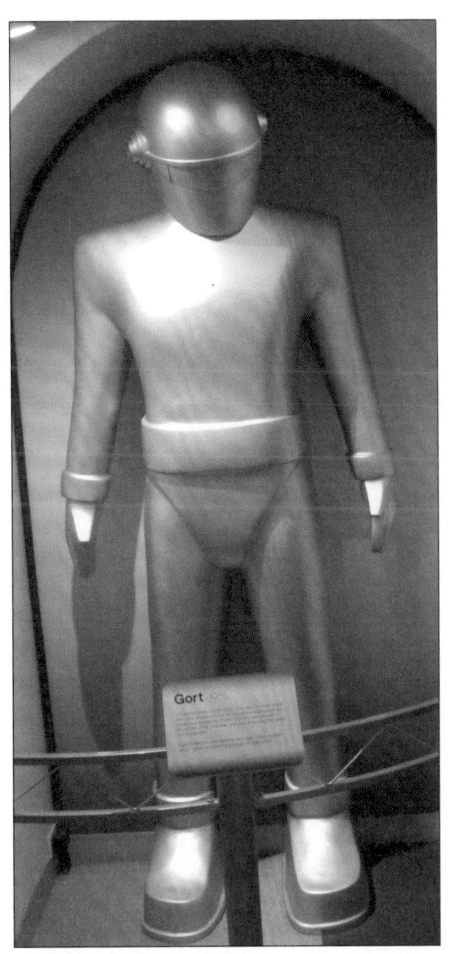

《地球停转之日》中名叫高尔特（Gort）的机器人的复制品

1951 年的电影《地球停转之日》对谁需要被控制的看法略有不同。这部电影根据美国人哈里·贝茨（Harry Bates，1900—1981）于 1940 年创作的短篇小说改编。

要知道的词

冷战：二战之后苏联和美国之间的对抗。

原子弹：由分裂原子释放的核能驱动的炸弹。

军备竞赛：国家之间关于军事装备质量和数量的竞争。

民权运动：20 世纪 50 年代至 70 年代美国黑人争取法律平等的斗争。

妇女运动：20 世纪 60 年代至 80 年代美国妇女争取与男子平等的斗争。

在电影中，一个飞碟降落在美国华盛顿州特区，一个外星人和大型机器人出现了。外星人克拉图（Klaatu）来到地球向地球的科学领袖传递信息，但他被人类开枪打死了。机器人高尔特（Gort）营救并暂时救活了克拉图。克拉图透露自己代表一个星际组织组建了一支机器人维和部队，克拉图和高尔特就是成员之一。他们将采取行动消除一切暴力。

克拉图邀请地球加入这个组织，在机器人的组织下和平生活，否则人类就会灭亡。

在 20 世纪 40 年代末和 50 年代，世界正从第二次世界大战（1939—1945）的余波中复苏，并卷入其他战争，如朝鲜战争（1950—1953）和冷战（1947—1991）。美国向日本投下两颗原子弹，结束了第二次世界大战。数百万人死亡，可怕的新技术引发了美国和苏联之间的军备竞赛。

在冷战期间，两国都寻求制造更强的大规模杀伤性武器。难怪那个时期的科幻小说都在探索如何控制技术并由我们自己来维持和平！许多作品，如阿西莫夫写的小说，或《地球停转之日》等电影，都对技术持乐观的态度。在后来的几十年里，我们就没那么乐观了。

你知道吗？

曼哈顿计划是美国研制原子弹的代号。这也是 1986 年一部电影的名称，讲述了一个高中生为他的科学展览项目制造原子弹的故事。

20 世纪六七十年代

20 世纪六七十年代是另一个社会变革与巨大进步交织在一起的时代。美国和苏联仍沉浸在冷战中，竞相扩大自己的核武器储备。20 世纪 60 年代中期，越南战争（1955—1975）升级。

美国民权运动正处于鼎盛时期，妇女运动也渐入佳境。非裔美国人争取并赢得了重要的权利。人类去了太空，在月球上漫步。在所有这些变化中，人们从科幻小说中寻找答案和乐趣。

作家和电影制作人正在考虑，如果 AI 以某种方式出错会发生什么。哈尔（HAL）9000 是电影史上最具标志性的 AI 之一。

要知道的词

外交：国家以和平手段对外行使主权，实现其对外政策的活动。

主题：中心的想法或概念。

人形机器人：外形和行为都像人的机器人。

在 1968 年的电影《2001：太空漫游》中，飞船的计算机，哈尔 9000 失去控制，杀死了大多数船员。哈尔这样做是因为它得到了一个指令，这个指令是任务比船员更加重要。当船员决定不能或不会执行任务时，哈尔被迫杀死船员。

你知道吗？

C-3PO 和 R2-D2 的设计深受 1972 年的电影《宇宙静悄悄》中机器人的影响。那些机器人被命名为休伊（Huey）、路易（Louie）和杜威（Dewey）。

后来的电影，如 1983 年的《战争游戏》，反映了对技术的恐惧和对核战争的焦虑。

在《战争游戏》中，有发射核武器代码的 AI 认为它在和一个年轻的黑客玩游戏，意外地把世界带到了核战争的边缘。黑客必须说服 AI 它没有办法赢得这场战争游戏。

现实版星球大战

20 世纪 80 年代，在冷战的高峰期，美国总统罗纳德 · 里根提出了战略防御计划（SDI），绰号“星球大战”。SDI 本来是一个卫星防御网络，旨在击落苏联核导弹。由于争议很大，SDI 一直没有进入研究阶段。这项技术在当时还不存在，并且许多专家担心这样的系统会破坏美国和苏联之间的外交关系。

20 世纪 70 年代，一些电影，如 1973 年的《西部世界》及其续集 1976 年的《未来世界》，探索机器人可能会出什么问题。

《西部世界》是一个为富有的度假者设计的西方主题游乐园。度假者可以假装住在古老的西部。游乐园里有人形机器人。计算机故障后，一个持枪的机器人开始向客人开枪。

然而，这个时代的许多其他作品都信任技术，或者至少将其视为虚拟世界好的一部分。1977 年，《星球大战》向我们介绍了最具标志性的和最可爱的两个机器人：C–3PO 和 R2–D2。C–3PO 是一种人形机器人，旨在用礼仪和习俗协助人类。R2–D2 是一种为星际飞船服务的宇航机械机器人。它们是迄今为止所有《星球大战》电影中都出现的角色。它们都在电影中扮演反叛的关键角色。

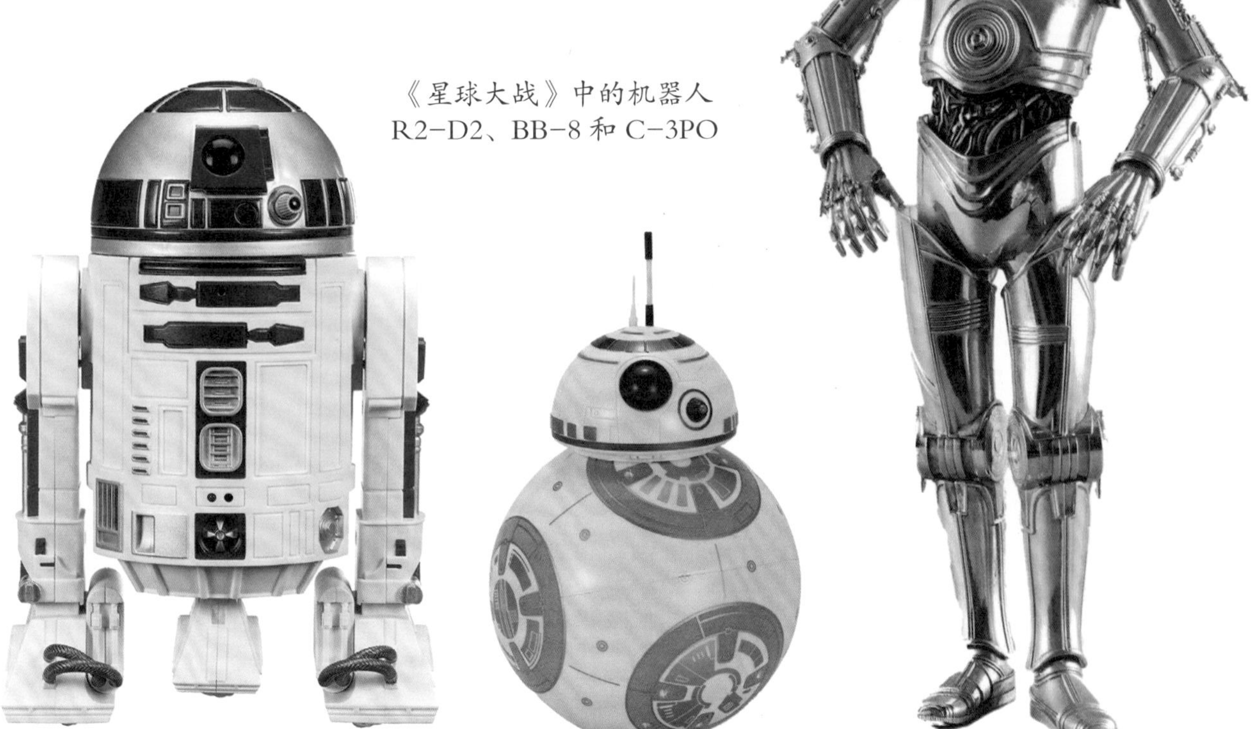

《星球大战》中的机器人
R2–D2、BB–8 和 C–3PO

要知道的词

进化：随着时间逐渐变化。

人造卫星：一种环绕地球运行的设备，用于传递通信信号或传输信息。

母体：事物发展的环境或媒介。

在电视上，机器人和AI扮演了许多角色。你看过《神秘博士》这部电视剧吗？这部长时间的连续剧展示了许多不同形式的AI，但最令人难忘的AI根本不是人形——机器狗K9是神秘博士忠实的伙伴。

这个AI不仅配备了激光，还可以深情地摇尾巴！1977年机器狗K9首次在电视上亮相，并在2009年频繁出现在《神秘博士》和各种衍生节目中。为了解释这只狗的长寿，作家们创造了新版本的机器人。

20世纪末

在20世纪后期的作品中，机器智能往往是偶然或进化出现的。计算机变得越来越复杂，或者说越来越互联，直到有一天，它“醒来”。AI反抗它的人类主宰者并接管了一切。

这个主题仍贯穿于科幻作品中。一个经典的例子是《终结者》电影。在这部1984年的电影中，天网是一个控制所有防御系统，包括人造卫星和核武器的计算机系统。天网被打开后不久，变得有自己的意识。它的操作员试图关闭它，天网认为这是一种威胁。

天网断定所有人类都会试图摧毁它，所以天网发动了核攻击。数十亿人死亡，AI奴役人类。天网甚至派遣机器人特工或终结者回到过去阻止人类领袖约翰·康纳的崛起。

1982 年的电影《银翼杀手》以 2019 年美国加州洛杉矶的反乌托邦世界为背景。被称为复制人的人造人被制造出来，并被送到外星殖民地工作。作为有机机器人，复制人并没有权利，寿命也非常有限。像机器人一样，复制人被创造出来执行特定的任务，比如采矿。

你知道吗？

由菲利普·K. 蒂克的短篇小说改编的《银翼杀手》被认为是有史以来最好的科幻电影之一。电影的续集《银翼杀手 2049》，于 2017 年问世。

一群复制人逃离并来到地球，这是不被允许的。

复制人来到地球，想在其机械能量即将耗尽之前寻求长存的方法。主角里克·德卡德（Rick Deckard）警官接到命令去追捕复制人。

他遇上了一个复制人——瑞秋（Rachel），让他重新思考他的工作，最后他们一起逃跑了。

1984 年，威廉·吉布森（William Gibson，1948—）的小说《神经漫游者》第一次向我们展示了网络空间（也称为赛博空间）。事实上，是他创造了这个术语！这部开创性的小说带我们进入虚拟现实空间，吉布森称之为母体。

赛博朋客

吉布森的《神经漫游者》开创了一种新型科幻小说流派，叫作赛博朋克。它融合了朋克和黑客文化的元素，或者用一位作者的话来说，“高等科技，低端生活”。赛博朋克情节通常围绕黑客、网络空间、人工智能和大型企业展开。赛博朋客英雄往往是生活在技术快速变化，改变社会的世界里的孤独者。其他赛博朋克作家包括布鲁斯·斯特林（Bruce Sterling，1954—）、尼尔·斯蒂芬森（Neal Stephenson，1959—）、帕特·卡蒂根（Pat Cadigan，1953—）。

要知道的词

超级智能体：几乎所有领域的认知表现都远超人类的智能体。

作品里的英雄是一个被 AI 招募的过气黑客。这个 AI 名为温特穆特（Wintermute），他想要黑客和他的团队将自己与另一个 AI“神经漫游者”结合起来，形成一个超级智能体。

这在母体的世界里是违法的。但是团队成功了，AI 开始寻找和自己一样的人。在随后的情节中，母体变成了众生的居住地，包括人类和 AI。

《神经漫游者》是第一部带我们进入母体的作品。但在 1999 年，《黑客帝国》这部电影让我们产生了极大的恐惧。你有没有想过，整个世界可能只是一个母体？一个叫尼奥的黑客意识到现实有问题。他似乎生活在 20 世纪 90 年代。抵抗运动的领袖墨菲斯给了尼奥一个选择，吃蓝色或红色的药丸。蓝色药丸会让他忘记疑惑，回到从前的生活。红色药丸会让他看清这个世界的本来面目。

尼奥吃了红色药丸。他发现大多数人——包括他自己——都生活在计算机模拟的世界中。他们的大脑被母体植入，体验着母体创造的 20 世纪 90 年代的生活。然而，他们的身体被连接到一个巨大的机器上。

母体的可视化表示，这一系列代码创造了我们所生活的世界。

就像在电影《终结者》中一样，人工智能在几个世纪前接管了世界，创造了母体来让人类快乐地被奴役，而人类的身体为人工智能提供能量。尼奥、墨菲斯和其他人决定为解放人类而战。

20 世纪末是一个技术快速变革的时代。尽管互联网自 20 世纪 60 年代末就已经存在，但多年来只有政府和大学的研究人员才能使用。1989 年，这种情况开始改变并且变化非常快。蒂姆·伯纳斯·李（Tim Berners-Lee，1955—）在那一年发明了万维网，互联网于 1991 年开放供商业使用。

20 世纪 90 年代，互联网蓬勃发展。

与此同时，移动技术也在进步。到 20 世纪 90 年代末，有了可以收发电子邮件的计算机和手机。像《黑客帝国》这样的电影开始探索这项技术的可能性和危险性。

21 世纪初

在当今这个世纪，人工智能越来越成为我们日常生活的一部分，电影也开始反映这一点。我们仍然有很多小说评论科技是危险的，但是更多的故事开始触及人工智能生命的思维过程。

少校数据（Lieutenant Commander Data）

在 20 世纪末，并不是所有的作家都对人工智能持悲观态度。可爱的机器人大量出现在电视节目、书籍和电影中。最好的例子是电视剧《星际迷航：下一代》（1987—1994）。少校数据（Lieutenant Commander Data）是一个人形机器人，它是航天飞机企业号（USS）上的一名军官。尽管少校数据有自我意识并被视为船员中有价值的一员，但它有时难以理解人类的情感。

例如，《人工智能》（2001）和《机器管家》（1999）讲述了机器人渴望成为人类的故事。最近的电影也探索了有情感的机器人。

《机器人总动员》（2008）讲述了一个心胸开阔的垃圾收集机器人的故事。地球荒废凄凉，只剩下机器人瓦力和它的宠物蟑螂。一个名叫伊娃的侦察机器人从宇宙飞船来到地球寻找生命的迹象。瓦力被伊娃迷住了。伊娃收集了一棵小树苗，这是地球仍然支持生命存在的标志。瓦力保护伊娃，并跟随伊娃回到飞船。飞船上的人类都被飞船上不受人控制的人工智能 Auto 所照顾。

Auto 被编程来保护甚至宠爱人类。

在 Auto 的照顾下，人类开始变得懒惰了。Auto 和它的机器人为人类做一切事情。而且 Auto 也不希望人类回到地球，因为太危险了。瓦力、伊娃和其他人必须瞒骗 Auto，这样人类才能回家。你认为这部电影讲述了我们和科技的关系吗？

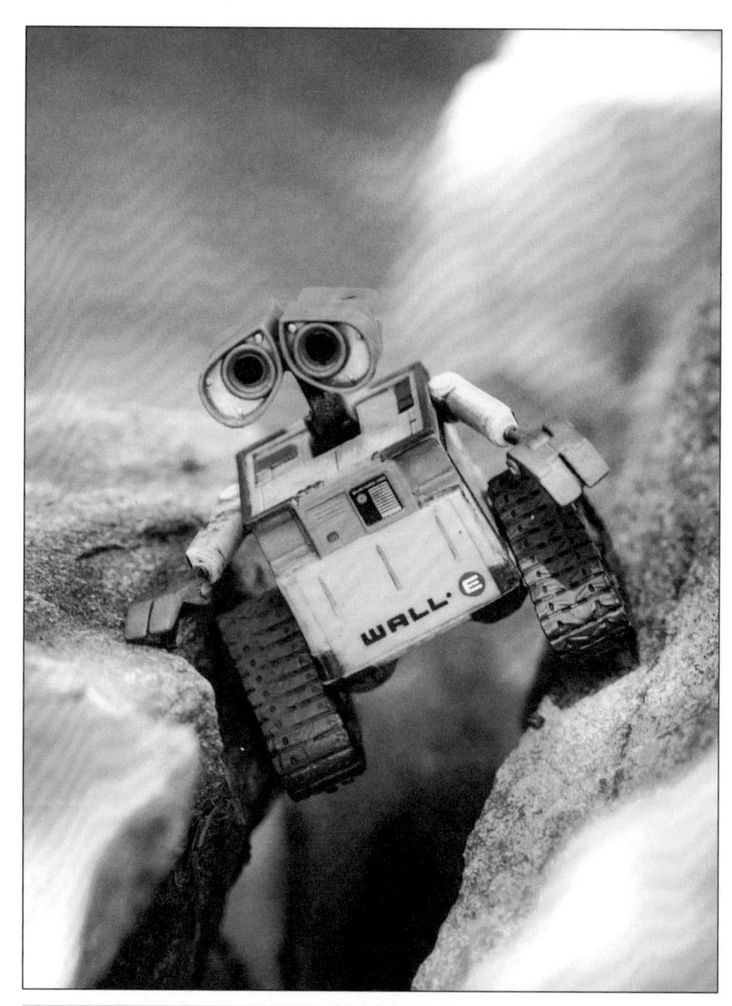

瓦力的玩具版

图片来源：Ravi Shah (CC BY 2.0)

关于人工智能和机器人的电影

- 《大都会》（1927）
- 《地球停转之日》（1951）
- 《禁忌星球》（1956）
- 《2001：太空漫游》（1968）
- 《西部世界》（1973）
- 《星球大战》（1977）
- 《终结者》（1984）
- 《战争游戏》（1983）
- 《霹雳五号》（1986）
- 《机械战警》（1987）
- 《钢铁巨人》（1999）
- 《黑客帝国》（1999）
- 《机器管家》（1999）
- 《人工智能》（2001 年）
- 《我，机器人》（2004）
- 《机器人历险记》（2005）
- 《变形金刚》（2007）
- 《机器人总动员》（2008）
- 《机器人与弗兰克》（2012）
- 《超能陆战队》（2014）
- 《复仇者联盟：奥创纪元》（2015）

这些年来，科幻小说家一直梦想着会思考的机器和机器人。有时候，这个梦是一个噩梦或警示故事。有时候，这个梦是未来可能发生的事。但在大多数时候，小说远远领先于现实，它的主题通常反映了我们当下的希望和恐惧。

我们的电影、书籍、戏剧和电视节目给了我们一个安全的地方，让我们去思考是什么造就了机器智能，它是如何做到这一点的，以及当它变得聪明时会发生什么。随着 AI 越来越多地成为我们生活的一部分，也许我们的问题会随之改变。

核心·问题

科幻电影和书籍是如何反映现实世界中我们对机器人和 AI 的态度的？

写下你自己的机器人定律

80 年前，阿西莫夫的机器人三定律首次出现在一部名为《环舞》的短篇小说中。你认为这些定律今天仍然适用于机器人吗？我们还需要机器人定律吗？

》做一些调查。

※ 为什么阿西莫夫为机器人编了这些定律？

※ 还有哪些作者为机器人制定了规则？

※ 哪些用的是阿西莫夫的定律？其中一个例子就是《阿童木》。这是一部日本长篇漫画，后来被拍成电视剧和电影。

》从当今世界的角度来思考机器人三定律。

※ 当前的 AI 和机器人有哪些保障措施？

※ 什么能阻止机器人或者 AI 伤害人类？

》现在想出自己的规则。

※ 你会对机器人或 AI 设定什么规则来保护人类？

※ 你会给出什么规则来让 AI 保护它们自己？列一个清单，按重要性排序。

写下自己关于 AI 或机器人的短篇故事或诗歌

几个世纪以来，人们一直通过写作来探索机器人这个话题！你可以写一篇属于自己的小说。你觉得 50 年或者 100 年后的 AI 是什么样子？不确定从哪里开始吗？一个随机的剧情生成器能让你入门！

列出第 79 页上的六个主题。给它们编号 1—6。

为你的故事选择六种不同的背景。比如火星、小行星或者古罗马。设置编号为 1—6。

列出六种不同类型的故事。例如，神秘、探索、惊悚、幻想、幽默或其他。设置编号为 1—6。

列出六个不同的角色或角色类型，包括机器人和人工智能。给它们编号为 1—6。

每一列掷骰子一次，从每一列中选择一项。这样会给你一个随机的剧情。你可能会获得一个机器人叛乱的故事！

对你的随机故事不满意？放心吧！你可以重新掷骰子或调整你的列表，直到得到你感兴趣的剧情组合。

尝试一下！

写出你的故事或诗歌！不一定要很长。想想 AI 是怎么变得智能的。这是好事吗？社会如何看待 AI 的？如果你喜欢艺术，你可以画漫画或插图。

比较和对照

正如你在本章中读到的，不同时期的电影以不同的方式看待AI和机器人。例如，一些电影讲述的是我们对AI和机器人接管世界的恐惧。另一些电影认为AI对人类是有帮助的，甚至是可爱的。想想R2-D2！在这个活动中，你将比较两部电影。

》**征得家长同意后，挑选第91页列出的两部电影看看。**例如，你可以观看《星球大战》或《2001：太空漫游》。当你在看的时候，你想想电影中的机器人或AI。你要比较电影如何对待机器人或AI。

》**选择三个或更多的方面来比较电影。**例如，你可以比较电影的主题，AI是如何被对待的，或者AI是否完全智能。电影是如何对待这些主题的？例如，一部电影可能是关于AI如何接管世界的，而另一部可能是关于机器仆人的。

》**做个图表对比两部电影！**它们有什么相似之处，又有什么不同之处？

尝试一下！

现在，试着比较两部讲述机器人和AI的电视剧。例如，你可以看一集《星际迷航：下一代》和《星球大战：克隆人战争》。这两部电视剧有什么不同？它们又有何相似之处？

第六章

围绕 AI 的争论

人类会注定失败吗？ AI 会取代人类吗？虽然听起来像一部电影大片的情节，但这些问题在现实生活中正引起激烈的辩论。在过去的几年里，关于人工智能是否会对人类构成威胁的争论持续不断。计算机专家、科学家和技术专家观点不一。

核心·问题

人工智能会像科幻小说和电影中的那样操控世界吗？

最响亮的两个声音来自 SpaceX 和特斯拉的创始人埃隆 · 马斯克（Elon Musk，1971—），以及 Facebook 的创始人马克 · 扎克伯格（Mark Zuckerberg，1984—）。这两个人对 AI 的想法截然不同。

要知道的词

投资者：给公司提供资金以在未来获取利润的人。

奇点：AI 和其他技术变得如此先进，人类经历了戏剧性和不可逆转的变化的时刻。

非营利组织：指不以营利为目的的组织。

世界末日：可能以死亡或毁灭告终的极其严重或危险的情况。

关注人工智能

一方面，埃隆·马斯克和比尔·盖茨（Bill Gates，1955—）、斯蒂芬·霍金（Stephen Hawking，1942—2018）等人呼吁在人工智能研究中要谨慎。马斯克曾是AlphaGo背后深度思考公司的投资者。马斯克称AI会对人类造成威胁。他担心，即使是正确的意图，也可能创造出一种能够实现超级智能并意外毁灭人类的AI。有人称这种现象为奇点。到了这个时候，机器变得足够聪明来重新设计自己，导致 AI 失控。

技术专家在 2015 年 8 月美国加州山景城举行的全球会议上谈论人工智能及其存在的风险。

图片来源：Robbie Shade (CC BY 2.0)

为了应对未来这一危机，马斯克成立了一个非营利组织，OpenAI，来开发更安全的 AI。

AI 被设计成能够独立运行、学习和适应。想象一下一个 AI 程序通过互联网复制传播！此外，AI 通常可以访问大量数据和关键系统，甚至是车辆或军用无人机。

AI 拥有的数据越多，学习的速度就越快。AI 可能不会像你在上一章看到的一些电影中那样实现自我意识，但失控的 AI 可能会对我们互联的大数据世界造成一些破坏。没有人真正知道一个 AI 能否成为一个有自我意识的超级 AI。

你知道吗？

不是所有科学家都认为奇点意味着人类的终结。雷·库兹韦尔（Ray Kurzweil，1948—）认为这种变化将对我们有益。他还认为奇点可能发生在 2045 年！

对 AI 持乐观态度

在辩论的另一边，马克·扎克伯格，以及深度思考公司的创始人和谷歌公司的创始人，认为世界末日的场景是很牵强的。谷歌公司的拉里·佩奇（Larry Page，1973—）相信 AI 能够改善人们的生活，让人们自由地做其他更有价值的事情。

许多人还认为，我们甚至远未开发出马斯克担心的那种 AI。超级智能现在不存在。事实上，我们连图灵梦寐以求的那种强 AI 都没创造出来。虽然 AI 今天可以做一些令人惊叹的事情，比如学会识别猫的图片，但 AI 仍然不知道猫到底是什么。AI 也没有任何学习的意愿！

即使超级智能短期内不会出现，
但许多专家认为，
在 Facebook 等网站上开发 AI 或使用 AI 的算法时，
不考虑风险是不负责任的。

马克·扎克伯格在 FaceBook F8 大会的舞台上

图片来源：Maurizio Pesce, (CC BY 2.0)

AI 的安全问题

OpenAI、生命未来研究所（Future of Life Institute）和机器智能研究所（Machine Intelligence Research Institute）等组织机构的成立，是为了研究 AI 的安全问题。这意味着什么？例如，生命未来研究所专注于研究如何保持 AI 对社会有益，无论是现在还是将来。

你知道吗？

根据美国汽车协会的数据，2016 年美国公路上 3 万例死亡中，90% 以上的事故是人为失误造成的。

从短期来看，重要的是确保 AI 系统继续做它们应该做的事情，即使它们崩溃或被黑客攻击。

想象一下，如果一辆自动驾驶汽车发生故障，或者一台军用无人机被黑客攻击，会发生什么！

长期的 AI 安全研究更关心的是，如果我们最终获得真正强大的 AI，我们应该做些什么。我们如何确保 AI 的目标与我们的相同？我们如何建立有保障的 AI 系统？

尽管研究人员认为 AI 永远不会有情感，但没有“意图”的 AI 仍然可能是危险的。它可以被编程来做一些危险的事情，比如，发射导弹或者以危险的方式做一些正确的事情。例如，乘客可能会告诉自动驾驶汽车以最快的方式到达机场，然后汽车打破速度限制，导致交通事故，只是为了快速到达机场！ AI 安全研究是为了确保有安全措施来防止人们受到伤害。

回形针场景

牛津大学人类研究所主任尼克·博斯特罗姆（Nick Bostrom，1973—）想出了一些最极端的 AI 失控场景，其中一个是回形针场景。想象一下，一台智能机器被编程来制作回形针。随着它的工作，它变得越来越聪明，越来越擅长制作回形针。这台机器实现了超级智能，并开始把包括人类的一切都变成回形针！

它不止于此。超级 AI 进入星际！它会把遇到的一切都变成回形针，直到大量回形针遍布整个宇宙！博斯特罗姆真的相信这一切会发生吗？也许不会发生。这是一个思维实验，向我们展示了在人工智能中如何小心地建立约束。如果我们把机器编程为制作 100 万个回形针后停止会怎么样呢？

奇点

科幻作家维诺·文奇（ Vernor Vinge，1944—）于 1993 年首次创造了“奇点”一词。他将其定义为技术将文明改变到上一代人不认可的程度。奇点是社会的一种不归路，可能由多种技术造成。然而，最近几年，奇点已经开始意味着由人工智能引起的特定变化。不是每个人都同意这一点。包括马斯克在内的一些专家认为，人工智能将会失控并取代人类。其他人，包括雷·库兹韦尔，认为奇点将更像是人类和人工智能的融合。

博斯特罗姆指出，某种特定技术会带来风险，我们需要谨慎应对。像许多其他专家一样，他相信一种超级智能可能会出现，而且它可能不需要我们！

博斯特罗姆提出的问题主要关于人工智能可能在未来给人类社会带来的巨大变化。但许多人担心人工智能对今天或不久的将来产生更直接的影响。

就业辩论

许多人更担心人工智能和机器人会接管他们的工作。例如，自动驾驶汽车可能取代出租车和卡车司机。分析法律文件的 AI 可能会取代律师助理。

大多数专家认为人工智能将在某些方面扰乱就业市场——事实上，它已经在这样做了。然而，研究人员对结果持不同意见。

要知道的词

条形码：一种印在标签或容器上的图形标识符，它按照一定的编码规则排列，可以标出物品的制造厂家、生产日期等信息。

生物技术：利用生物制造有用的产品或为人类提供某种服务的技术。

一些人认为人工智能最终会让许多人失业。一些人则认为人工智能将把工人从例行的、无聊的任务中解放出来，使每个人的工作都更有效率。

关于工作的争论并不新鲜。自第一次工业革命以来，技术一直在改变就业市场。在 18 世纪和 19 世纪，新技术是蒸汽机。它们催生了工厂和商品的大规模生产。在工厂出现之前，人们手工制作纺织品、服装和家具等产品。工厂的装配线使许多工作实现了自动化，工匠们失去了工作，或者去工厂工作，挣的钱更少了。

自动化引起了大众对大规模失业的恐慌。然而，工厂创造了全新工作，许多人最终搬到城市从事这些工作。

你知道吗？

术语“勒德分子”用来指反对或害怕科技的人。最初的勒德分子是英国纺织工人，他们抗议工厂在 19 世纪早期将他们的工作取代了。当政府无视他们的援助请求时，勒德分子闯入工厂，毁坏机器。

经济学家和历史学家现在认为我们已经经历了三次工业革命，目前正处于第四次工业革命的开始！

新型技术——蒸汽机、电力和计算机——分别带来了三次革命。第四次工业革命涉及人工智能和其他新技术的结合。一般来说，每次工业革命，我们的社会变得更富裕和富有。一些工作需要更少的人来做。例如，在工业革命之前，大多数人在农场工作。今天，只有 2% 的人在农场工作，但是我们能够生产更多的食物。

当然，每次工业革命都会影响就业。工业革命带来的变化创造了不同的新工作，但不一定马上就能创造出人们能适应的岗位。失业的人可能不具备从事新工作的技能。然而，在大多数时候如果变化是渐进的，人们就会适应。

自第一次工业革命以来，许多遵循明确程序的工作都已经计算机化了。计算机倾向于取代某个任务，而不是整个工作。例如，一个收银员过去要在收银机上手工输入每件商品或优惠券的价格。现在，收银员只需扫描条形码。这减轻了收银员的工作，避免了错误，并使客户等待的时间大大缩短。

工业革命 4.0

专家认为迄今为止已经有四次工业革命。

第一次	18 世纪和 19 世纪：蒸汽机将人类社会从农业社会转变为工业城市社会。
第二次	1870 年至 1914 年：电力和装配线使我们在第一次世界大战之前，经历了一段发展时期。许多重大技术被普及，包括电话、电气设备、铁路、石油和内燃机等。
第三次	20 世纪 40 年代至今：数字时代已经彻底改变人类社会。技术突破包括个人计算机、互联网和智能手机的发明创造。
第四次	现在：机器人、AI、生物技术、物联网、自动驾驶汽车等方面的突破，正在推动一场新的工业革命。

许多商店都配备了自助收银机，顾客可以在自助收银机上扫描自己购买的商品。但自助收银机还远远不能取代收银员。如今，员工经常需要解决自助收银机出现的问题！

一些专家认为人工智能可能会以新的方式改变就业市场。到目前为止，计算机化主要影响更多需要较少技能的常规工作，并没有影响那些需要体力但又灵活的工作，比如卖汽车或烹饪。AI也不太可能替代那些需要更多创造力和思维的职业，比如医生和工程师。AI可以帮助医生诊断，但不能完全取代医生。

然而，现在人工智能开始将非常规任务自动化。

例如，人工智能可以在法律数据库中搜索案例和法律。这项任务通常由律师助理或法律学生完成。人工智能执行搜索的速度比人类快得多，能够持续访问数据让律师的工作更高效。

你知道吗？

2012年，谷歌创建了最大的神经网络之一，它拥有1.6万台计算机处理器，并将其用于观看YouTube。神经网络在找猫！它学会了识别猫。在当时，这并不是一件容易的事情，但是互联网上有数百万关于猫的视频。这个数量帮助了AI学习。

律师助理呢？这是专家们观点不统一的地方。有人说人工智能让律师助理的工作更有效。寻找判例法并不是律师助理的唯一任务。AI可能解放律师助理去执行其他任务。但这也可能意味着，律师事务所需要更少的律师助理。

当AI接管曾经由人类担任的工作时，你认为这失去了什么？这仅仅是一个人的薪水的问题，还是存在其他问题？

哪些工作可以计算机化？

2013 年，牛津大学发表了一份名为《就业的未来：工作对计算机化有多敏感》的报告。作者分析了 700 多种不同的工作，研究哪些工作最有可能和最不可能被 AI 接管。大约 47% 的美国劳动力可能面临计算机化的风险！

你注意到这两份清单了吗？有什么明显的相似或不同之处吗？当你考虑在学校学习什么专业或成年后想做什么工作时，你可能会考虑这些事情吗？

人工智能最不可能接管的一些职业：

- 娱乐治疗师
- 心理健康师和社会工作者
- 听力学家
- 职业治疗师
- 矫正师和修复师
- 医疗保健社会工作者
- 口腔颌面外科医生
- 营养师和营养学家
- 舞蹈指导
- 内科医生和外科医生

一些最有可能被人工智能接管的职业：

- 信贷员
- 保险索赔和保单处理办事员
- 图书馆技术员
- 摄影后期处理人员
- 报税人
- 货物和货运代理
- 手表修理工
- 保险人
- 下水道维修员
- 电话推销员

一些研究人员认为，有朝一日人工智能可能会完全取代律师助理。做律师助理的人可能会被迫从事低技能的服务工作，这些工作报酬更低，福利也更少。同样的情况也可能发生在其他容易被自动处理的工作中。

最终，剩下的工作将是低收入的服务业或制造业的工作，以及高收入、高技能的专业工作。而落在中间的工作都会被人工智能自动处理。

AI 会征服世界吗？虽然这可能是一些人的担忧，但对许多其他人来说，人工智能已经被证明是有帮助和有效的。人类和人工智能可以共享目标、共同应对挑战和解决问题的世界，可能会丰富我们所有人！你怎么想呢？

核心问题

人工智能会像科幻小说和电影中的那样操控世界吗？

那是隐私

大多数人不喜欢公司使用他们的数据，他们非常担心自己的数据可能会被黑客窃取，或者人工智能可能会未经授权对数据进行操作。

AI 程序以许多消费者和公民不知道的方式收集和使用数据，这引发了更多的隐私问题。比如美国特拉华州在警车上安装了智能摄像头。这是使用基于视觉的 AI 打击日益增长的犯罪的一种手段。

摄像机拍摄车牌和其他可能有助于抓捕逃犯或找到失踪儿童的物品。AI 可以在收集到的数据中搜索通缉犯或符合罪犯描述的人。同样，摄像头可以用在商店自动检测抢劫、火灾，或者预测潜在的商店扒手。

AI 能做你梦想的工作吗?

在本章中，我们讨论了 AI 如何影响人们的工作。你将调查什么类型的工作可以轻易被 AI 自动化，以及其原因。

做些调查。请看第 105 页牛津大学引出的清单。未来哪些工作会被 AI 改变？哪些最不可能被改变？为什么？

从每个清单中选择一份工作，并进行调查。例如：舞蹈指导是做什么的？为什么这个职业不容易被 AI 取代？报税人的工作是怎样的呢？AI 是否已经开始做一些报税员的工作？

列出每项工作的任务，分析这些任务是否会被自动化。你认为某一份工作安全吗？你认为某一份工作会消失吗？

现在想想你想要从事的职业并进行调查。这个职业能否通过 AI 实现自动处理？为什么？

你知道吗？

你可能会帮助 AI 学会识别图像。谷歌一直使用照片验证码问题来训练 AI。为了证明你不是机器人，你可能需要选择所有有街道标志的照片。在此过程中，你可能是在反复测试 AI！

尝试一下!

关于你梦想中的工作，列出一份 AI 现在或未来可以完成的任务清单。有哪些事情是 AI 做不到的？

ARTIFICIAL INTELLIGENCE: THINKING MACHINES AND SMART ROBOTS WITH SCIENCE ACTIVITIES FOR KIDS By ANGIE SMIBERT, ILLUSTRATED BY ALEXIS CORNELL

图书在版编目（CIP）数据

人工智能 /（美）安吉·斯密伯特文；（美）亚历克西·康奈尔图；王丹力译. —长沙：湖南少年儿童出版社，2023.6（2025.2 重印）
（孩子也能懂的新科技）
ISBN 978-7-5562-6092-8

Ⅰ. ①人… Ⅱ. ①安… ②亚… ③王… Ⅲ. ①人工智能–青少年读物 Ⅳ. ① TP18-49

中国国家版本馆 CIP 数据核字（2023）第 067283 号

孩子也能懂的新科技・人工智能

HAIZI YE NENG DONG DE XIN KEJI・RENGONG ZHINENG

总 策 划：周　霞　　策划编辑：刘艳彬　万　伦
责任编辑：刘艳彬　　质量总监：阳　梅
特约编辑：徐强平　　封面设计：仙境设计
营销编辑：罗钢军　　文字审校：王海燕

出 版 人：刘星保
出版发行：湖南少年儿童出版社
地　　址：湖南省长沙市晚报大道 89 号　　邮编：410016
电　　话：0731-82196320
经　　销：新华书店

常年法律顾问：湖南崇民律师事务所　柳成柱律师
印　　制：湖南立信彩印有限公司
开　　本：889 mm × 1194 mm　1/16　　印　　张：7
版　　次：2023 年 6 月第 1 版　　印　　次：2025 年 2 月第 2 次印刷
书　　号：ISBN 978-7-5562-6092-8
定　　价：39.80 元